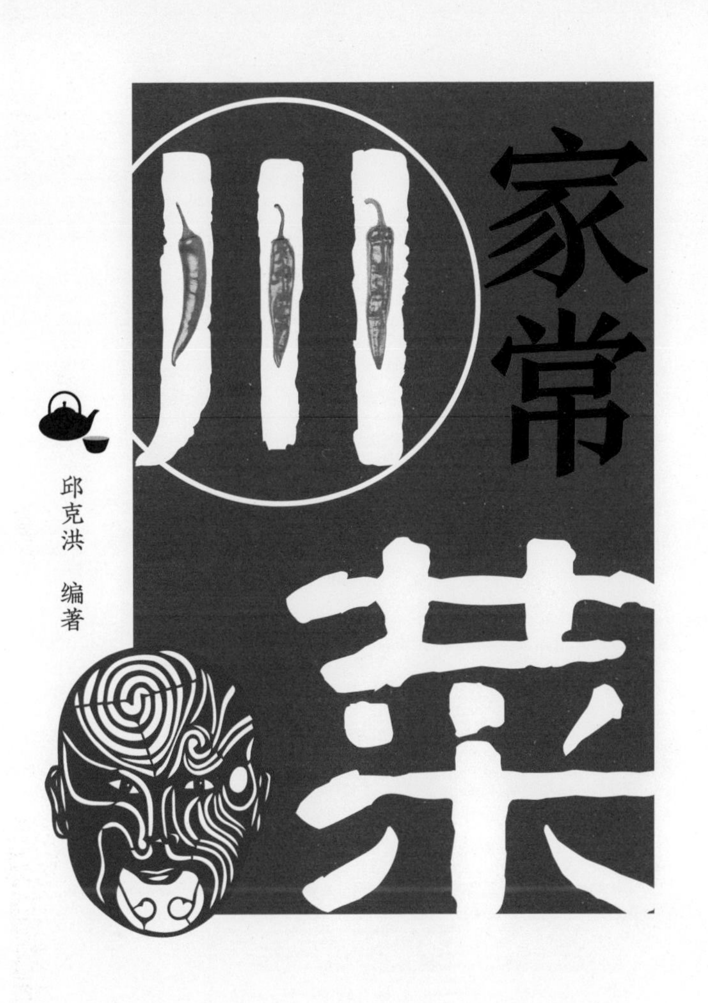

# 家常川菜

邱克洪　编著



甘肃科学技术出版社

图书在版编目（CIP）数据

家常川菜 / 邱克洪编著. -- 兰州 : 甘肃科学技术出版社, 2017.10
ISBN 978-7-5424-2438-9

Ⅰ. ①家… Ⅱ. ①邱… Ⅲ. ①川菜—菜谱 Ⅳ. ①TS972.182.71

中国版本图书馆CIP数据核字(2017)第238204号

家常川菜
JIACHANG CHUANCAI

邱克洪 编著

出版人 王永生
责任编辑 黄培武
封面设计 深圳市金版文化发展股份有限公司

出 版 甘肃科学技术出版社
社 址 兰州市读者大道568号 730030
网 址 www.gskejipress.com
电 话 0931-8773238（编辑部） 0931-8773237（发行部）
京东官方旗舰店 http://mall.jd.com/index-655807.html

发 行 甘肃科学技术出版社
印 刷 深圳市雅佳图印刷有限公司
开 本 720mm×1016mm 1/16
印 张 10
字 数 170千字
版 次 2018年1月第1版
印 次 2018年1月第1次印刷
印 数 1～5000
书 号 ISBN 978-7-5424-2438-9
定 价 29.80元

PREFACE

# 序言

## 为什么川菜这样火？

今天，吃川菜、啖火锅、品川味小吃，已然是一种美食现象，美食潮流，甚至成为全国许多家庭的日常生活方式。于是，人们不禁会问：川味为什么这样火？

我们以为，川味首先火在“麻辣”的霸道和丰富层次。麻辣的霸道在于对味觉的冲击有横扫之势，麻辣过处，其他味道皆成配角。同时，必须清楚的是，川味的麻辣不是干麻干辣，而必须在麻辣中透出香！是香辣香麻。没有香的麻辣，犹如没有灵魂的驱壳，断无生命力。还必须清楚的是，川味的麻辣是立体的，有层次感的麻辣。豆瓣、干椒、鲜椒、泡椒、椒粉、红油、麻油，两种原料、不同细类的不同运用，演绎出川味精彩纷呈的麻辣诱惑。

其次火在味型丰富，麻辣、香辣、鲜辣、酸辣，鱼香、糊辣、红油、家常，荔枝、糖醋、甜香、咸甜，蒜泥、姜汁、椒麻、芥末，五香、烟香、咸鲜、麻酱，黑椒、咖喱、耗油、茄汁，不同味感的轮番转换的体验，强烈又和谐，正应了人们“大快朵颐”的饮食审美渴求。

PREFACE

## 那么，川味的这种美，来自何处？

川味之美来自巴蜀人“尚滋味”“好辛香”的传统，一个“辛”字，点出了川味之魂，也贯穿在川味文化发展史的始终。从2000年前就声名在外的“蜀椒”（即花椒），到200多年前引进辣椒之后，四川人终于在“辛”的味觉传统精神下，打造出个性独特、震古烁今、影响深广的“麻辣”传奇。成为川味活力四射，激情飞扬，向全国、全世界穿透的核心竞争力。

川味之美也来自于四川的移民，从战国秦王朝始到清末，五次大规模外来移民，不仅带来了新的原料、新的技艺，也带来了新的味道、新的思维。并在历史的长河中，动态调整、包容发展，终于在晚清形成了具有取材广、味型多、技艺丰、风格显，“一菜一格，百菜百味”的现代意义上的川菜王国。

最后，川味之美源于民间，源于千家万户普通人家的历史经验和生活积累；也来自于热爱川菜，赋于天赋的四川的专业川菜厨师们，他们从民间走来，又用自己的理解、智慧、悟性对民间川菜给予了提升和创新，为川菜火向全国和世界立下了不可磨灭的功绩。所以，四川不仅是视觉的天堂，也是味觉的江湖。

总之，川味由天下人同烹，也注定成为天下人的共同美食。

# 目录 contents

## 第一篇 凉菜卷

## 第二篇 热菜卷

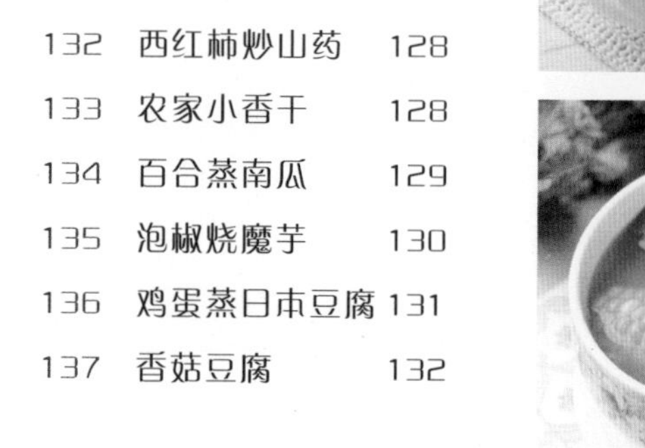

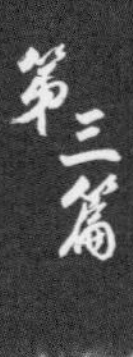
第三篇

汤菜卷

# 家常川菜

【第一篇·凉菜卷】

凉菜是川菜的重要组成部分。其选料精良，制作精细，装盘考究，烹法多样，味型丰富。用之宴席，既能增加席面的色彩，又能体现川菜浓郁的地方风味，因此有迎宾菜、见面菜之称。

# 黄瓜蒜片 001

**特点｜清淡爽口，养心润肺。**

**主辅料：**

黄瓜、大蒜。

**调料：**

干辣椒、香油、盐、味精各适量。

**制作程序：**

1. 瓜洗净切片，放进沸水中焯一下，捞起控干水，装盘待用。
2. 大蒜去皮洗净；干辣椒洗净切丁。
3. 黄瓜片、蒜瓣、辣椒丁一起装盘，放进香油、盐、味精，拌匀即可。

**【操作要领】**

黄瓜切片要薄。

# 红油莴笋丝 002

**特点 | 清香爽口，略带辣味。**

## 主辅料：

莴笋、蒜。

## 调料：

盐、鸡粉、辣椒油、食用油各适量。

## 制作程序：

1. 将洗净去皮的莴笋切薄片，改切成细丝，备用。
2. 用油起锅，倒入蒜末，爆香。放入莴笋丝，炒至断生。加入盐、鸡粉，淋入辣椒油。
3. 翻炒均匀至食材入味。关火后盛出炒好的食材即可。

## 【操作要领】

炒莴笋时要注意时间和火候，时间过长会让莴笋失去清脆的口感。

## 003
# 虎皮杭椒

**特点 | 色泽青翠，入味鲜辣。**

**主辅料：**
杭椒。

**调料：**
酱油、盐、味精、糖、醋各适量。

**制作程序：**
1. 杭椒洗净去蒂，沥干水待用。
2. 油锅烧热，放入杭椒翻炒至表面稍微发白和有焦糊点时，加入酱油和盐翻炒。
3. 炒至将熟时加入醋、糖和味精，炒匀，转小火焖 2 分钟，收干汁水即可。

**【操作要领】**
杭椒一定要翻炒至表面起皱。

## 004
# 巧拌萝卜皮

**特点 | 萝卜片清脆爽口。**

**主辅料：**
心里美萝卜。

**调料：**
小米椒、盐、米醋、白糖、花生米、花椒、食用油各适量。

**制作程序：**
1. 萝卜洗净取皮，调入盐后搅匀，腌制 15 分钟；小米椒切圈。
2. 萝卜皮沥去水汁，加入米醋、白糖拌匀，摆入盘中，再撒上花生米。
3. 锅中倒入油烧热，下入小米椒、花椒爆香，拣去花椒，再将热油浇在萝卜上即可。

## 005
# 海带拌腐竹

**特点** | 清香可口，营养丰富。

**主辅料：**

水发海带、胡萝卜、水发腐竹。

**调料：**

盐、鸡粉、生抽、陈醋、芝麻油各适量。

**制作程序：**

1. 腐竹切段；海带切细丝；胡萝卜切丝。
2. 锅中注入适量清水烧开，放入腐竹段，煮至断生，捞出；再倒入海带丝，煮至熟透，捞出。
3. 取一大碗，倒入腐竹段、海带丝、胡萝卜丝，搅匀。
4. 加盐、鸡粉，淋入生抽、陈醋，倒入芝麻油，搅拌至食材入味即可。

**【操作要领】**

干海带丝干净卫生，直接用水泡发即可使用，因此特别适合家庭买来制作凉拌菜。

# 木耳拌豆角

**特点**｜营养又排毒，简单、美味。

## 006

**主辅料：**

水发木耳、豆角。

**调料：**

蒜末、葱花、盐、鸡粉、生抽、陈醋、芝麻油、食用油各适量。

**制作程序：**

1. 豆角切成小段；木耳切成小块。
2. 锅中注水烧开，加盐、鸡粉，倒入豆角，注入食用油，煮半分钟；放入木耳，煮至断生，捞出。
3. 将焯好的食材装在碗中，撒上蒜末、葱花，加盐、鸡粉，淋入生抽、陈醋。
4. 倒入少许芝麻油，搅拌一会儿，至食材入味，装入盘中即成。

**【操作要领】**

豆角焯水的程度取决于个人口味和爱好，喜欢脆一点的就刚断生即捞出，喜欢豆角绵软口感的煮久一点也行。

## 007

# 拌空心菜

**特点｜清淡开胃，百吃不厌。**

**主辅料：**

空心菜、红辣椒、蒜。

**调料：**

盐、香油、红油、醋各适量。

**制作程序：**

1. 空心菜洗净；红辣椒洗净，切段；蒜洗净，切成碎末。
2. 锅内注水，置于火上煮沸时，放入空心菜焯熟，捞出装入盘中。
3. 向盘中加入盐、香油、红油、醋、红辣椒、蒜末拌匀即可。

**【操作要领】**

在烧开的水里先滴几滴食用油，可以让空心菜拌好后颜色更好看。

# 爽口芥蓝 008

**特点｜色泽清雅，清脆爽口。**

## 主辅料：

芥蓝。

## 调料：

盐、味精、白糖、胡椒粉、醋、红椒、香油各适量。

## 制作程序：

1. 芥蓝洗净去皮，切片；红椒洗净切片，与芥蓝一同入开水中焯一下取出装盘。
2. 调入白糖、醋、盐、味精、胡椒粉、香油拌匀即可。

**【操作要领】**

芥蓝也可以直接切段。

## 009

# 拌海带丝

**特点 | 色彩清雅，口味清淡。**

**主辅料：**

海带、红椒。

**调料：**

盐、味精、醋、香菜各适量。

**制作程序：**

1. 海带洗净切丝；红椒洗净切丁，焯烫；香菜洗净。
2. 锅内注水烧沸，放入海带丝焯熟后，捞起晾干并放入盘中，再放入红椒丁。
3. 向盘中加入盐、味精、醋拌匀，撒上香菜即可。

**【操作要领】**

焯的过程中倒入少许醋，可以加快软烂的时间。

## 010

# 醋拌韭菜

**特点 | 经济实惠，佐饭最宜。**

**主辅料：**

韭菜、陈醋。

**调料：**

红椒、干辣椒、盐各适量。

**制作程序：**

1. 韭菜洗净，切段；红椒洗净，切丝；干辣椒洗净，切成小段。
2. 锅中加水烧沸，下入韭菜烫至熟软后，捞出装盘。
3. 油锅烧热，下干辣椒、红椒炝出香味，淋在盘中韭菜上，再淋上陈醋，加盐拌匀即可。

**【操作要领】**

韭菜拌好后也可腌制2天再食用。

# 枸杞拌蚕豆 011

**特点 | 制作简单，营养丰富。**

**主辅料：**

蚕豆、枸杞、香菜、蒜末。

**调料：**

盐、生抽、陈醋、辣椒油各适量。

**制作程序：**

1. 锅内注水，加盐，倒入蚕豆、枸杞，加盖，大火煮开后转小火煮30分钟，捞出食材，装碗待用。
2. 另起锅，倒入辣椒油，放入蒜末，爆香。
3. 加入生抽、陈醋，炒匀，制成酱汁。
4. 关火后将酱汁倒入蚕豆和枸杞中，拌匀，装盘，撒上香菜即可。

**【操作要领】**

拌着吃用较新鲜的蚕豆，味儿较好。煮豆时加盐，可以保持蚕豆的绿色。

# 凉拌苦瓜 012

**特点 | 清热解毒，爽口清脆。**

**主辅料：**

苦瓜、红辣椒。

**调料：**

豆瓣酱、蒜泥、香油、
酱油、盐、味精各适量。

**制作程序：**

1. 苦瓜去瓜蒂、去瓤，切成条，放入开水锅中烫一下捞出，用凉开水过凉，装盘；红辣椒去蒂、去籽洗净，切成细丝，用盐腌5分钟，挤干水分。
2. 将蒜泥与红辣椒丝混合，加入酱油、豆瓣酱、味精、香油调匀，浇于苦瓜上，拌匀即可。

**【操作要领】**

苦瓜用开水烫，可去苦味；辣椒用盐腌，可去掉一些辣味。要注意一定要用加冰的水，这样苦瓜看起来是翠绿的颜色，色泽度非常好。

## 013
# 凉拌马齿苋

**特点｜鲜嫩爽口，味美营养。**

**主辅料：**

马齿苋、蒜末。

**调料：**

盐、鸡粉、生抽、芝麻油、食用油各适量。

**制作程序：**

1. 锅中加入水烧开，加少许食用油。
2. 加入适量盐，放入洗净的马齿苋，煮约 1 分钟至熟。
3. 把马齿苋倒入碗中，加入蒜末。
4. 再加入适量的盐、鸡粉。
5. 调入适量的生抽、芝麻油，用筷子拌匀调味。
6. 将拌好的马齿苋盛出装盘即可。

## 014
# 凉拌折耳根

**特点｜脆嫩爽口，富有折耳根特有的芳香。**

**主辅料：**

折耳根。

**调料：**

干辣椒、香菜、蒜泥、辣椒油、盐、鸡精各适量。

**制作程序：**

1. 折耳根去除老根，洗净切段，然后焯水，捞出；香菜洗净切段；干辣椒洗净切末。
2. 油烧热，加干辣椒、蒜泥炒香，加辣椒油、盐炒匀，浇在折耳根上，加鸡精、香菜，搅拌均匀。

**【操作要领】**

用折耳根的根或者嫩叶凉拌都可以，但一定要选择鲜嫩的，不然口感不好。

## 015 川味牛腱

**特点**|色泽红润油亮，味道十足。

**主辅料：**

牛腱肉、花生米、白芝麻。

**调料：**

盐、料酒、酱油、香油、红油、卤水、葱花各适量。

**制作程序：**

1. 牛腱肉洗净汆水，放入烧开的卤水中卤熟后切片摆盘。
2. 将花生米、白芝麻炒香，加剩余的调味料和卤汁烧开，淋在牛腱片上，撒上葱花即可。

**【操作要领】**

牛腱肉切片要薄。

# 川味酸辣黄瓜条

**特点|** 黄瓜爽脆，酸辣开胃。

## 016

**主辅料：**

黄瓜、红椒、泡椒。

**调料：**

花椒、姜片、蒜末、葱段、盐、白糖、辣椒油、白醋、食用油各适量。

**制作程序：**

1. 黄瓜洗好切条；红椒洗净去籽切丝；泡椒去蒂切开。沸水锅中加食用油、黄瓜条，煮1分钟捞出。
2. 起油锅，爆香姜片、蒜末、葱段、花椒。倒入红椒丝、泡椒，快速翻炒均匀。放入黄瓜条、白糖、辣椒油、盐、白醋，炒匀即可。

**【操作要领】**

焯过水的黄瓜下锅炒制的时间不能太长，否则不够爽脆。

## 017

# 豆腐丝拌黄瓜

**特点|黄瓜爽脆，豆腐丝细嫩。**

**主辅料：**

黄瓜、豆腐皮、胡萝卜丝、蒜末、葱花。

**调料：**

盐、味精、鸡粉、花椒油、辣椒油、芝麻油、食用油各适量。

**制作程序：**

1. 黄瓜、豆腐皮均洗净切丝。
2. 锅中注入水，加入少许食用油烧开，倒入胡萝卜丝、豆腐皮丝焯熟，捞出。
3. 将胡萝卜丝和豆腐皮丝装入碗中，倒入黄瓜丝。
4. 加入蒜末，加入盐、味精、鸡粉、花椒油、辣椒油、芝麻油。
5. 用筷子拌匀，放入葱花即成。

## 018

# 夫妻肺片

**特点｜成菜麻辣鲜香，富有嚼劲。**

**主辅料：**

牛心、牛舌、金钱肚。

**调料：**

香菜、卤水、鸡精、味精、白糖、辣椒油、花椒油各适量。

**制作程序：**

1. 牛心、牛舌、金钱肚汆水，用卤水卤熟，切成片，整齐地摆于盘中。
2. 用卤水、鸡精、味精、白糖、辣椒油、花椒油调成味汁，淋于盘上，撒上香菜即可。

**【操作要领】**

牛心、牛舌、金钱肚要洗净，切片要大而薄。

## 019

# 爽口花生

**特点 | 提神健脑，清脆爽口。**

### 主辅料：

黄瓜、水发花生、小米椒、红椒、香菜。

### 调料：

盐、鸡粉、卤水、白糖、生抽、花椒油、辣椒油、陈醋、芝麻油各适量。

### 制作程序：

1. 把洗净的黄瓜切成丁；洗净的红椒切成菱形片；洗好的小米椒切碎；洗净的香菜切碎。
2. 锅中倒入卤水，加入盐、鸡粉，再倒入花生，盖上盖，煮至熟，捞出沥干水分。
3. 花生米放入碗中，倒入黄瓜、红椒、小米椒、香菜，加入盐、白糖。
4. 倒入生抽、花椒油、辣椒油、陈醋，拌匀，最后淋入芝麻油，拌匀入味，装入盘中即成。

## 020

# 核桃仁拌菜心

**特点 | 绿白相间，味美又营养。**

### 主辅料：

核桃仁、菜心。

### 调料：

香油、盐、味精、红辣椒各适量。

### 制作程序：

1. 辣椒洗净切丁；菜心洗净切小段，放进沸水中烫熟，捞起控干水，晾凉装盘备用。
2. 核桃仁洗净，与菜心、红椒丁一起装盘，拌上香油、盐和味精即可。

### 【操作要领】

核桃仁去掉外衣更美观。

## 021
# 糖醋排骨

**特点｜色泽红亮油润，肉质鲜嫩。**

### 主辅料：

排骨、青椒。

### 调料：

酱油、醋、白糖、盐、淀粉、葱段各适量。

### 制作程序：

1. 排骨洗净斩块，用盐、淀粉拌匀；将酱油、白糖、淀粉、醋调成汁。
2. 油烧热，把排骨放入油锅炸至结壳捞出。
3. 原锅留油，放入葱段煸香后捞去，放排骨、青椒，将调好的芡汁冲入锅中，颠翻炒锅，即可装盘。

### 【操作要领】

排骨煮30分钟，再大火热油炸到外面焦黄，就外酥里嫩了。如果用生排骨直接炸，容易老。

# 黄瓜拌猪耳 022

**特点｜猪耳耙糯，黄瓜爽脆。**

**主辅料：**

猪耳、黄瓜。

**调料：**

姜片、葱条、蒜末、朝天椒末、盐、白糖、味精、辣椒油、花椒油、卤水、老抽各适量。

**制作程序：**

1. 洗净的黄瓜用斜刀切成片装盘垫底；猪耳清理干净。锅中注水，放入猪耳焯 1 分钟，捞出洗净。将卤水倒入锅中，放姜片、葱条、猪耳、老抽、少许盐搅匀。
2. 盖上锅盖，用小火将猪耳卤约 30 分钟，关火，泡 20 分钟，捞出，放凉。
3. 猪耳切片，装碗，倒入蒜末、朝天椒末，加入白糖、味精、辣椒油、花椒油及剩余的盐，搅拌均匀即成。

**【操作要领】**

也可直接买卤好的猪耳来凉拌。

023

# 干拌牛肉

**特点 | 咸香麻辣，爽口美味。**

**主辅料：**
牛肉。

**调料：**
香菜、辣椒粉、精盐、花椒粉、白糖、味精各适量。

**制作程序：**
1. 牛肉洗净后放入开水中煮熟，捞起晾冷切薄片；香菜切成小段。
2. 牛肉片入碗，先用精盐拌入味，再放辣椒粉、白糖、味精、花椒粉拌匀入盘，最后撒上香菜即可。

**【操作要领】**
因为是干拌菜，所以不放酱油等调料。

024

# 川味腊肠

**特点 | 口感咸鲜，便于下饭。**

**主辅料：**
腊肠。

**调料：**
葱花、蒜末、白醋、红油各适量。

**制作程序：**
1. 腊肠洗净备用。
2. 蒸锅注水烧沸，将腊肠入蒸锅中蒸熟后取出，斜刀切片摆于盘中。
3. 锅烧热，倒入红油、白醋、蒜末做成味汁，均匀地淋在腊肠上，撒上葱花即可。

**【操作要领】**
蒸出里面的肥油更有利于健康。

# 口水鸡 025

**特点 | 麻辣、鲜香、嫩爽。**

## 主辅料：

土仔鸡。

## 调 料：

花生末、白芝麻、精盐、白糖、醋、花椒粉、辣椒油、花生酱、刀口辣椒、姜蒜末各适量。

## 制作程序：

1. 土仔鸡粗加工后，入沸水锅中煮断生捞出，用凉开水漂冷，去掉鸡骨，改刀装盘呈宝塔形。
2. 用精盐、白糖、醋、花生酱、花椒粉、辣椒油、刀口辣椒、姜蒜末兑成麻辣味汁，浇于鸡肉上，撒上花生末、白芝麻即成。

【操作要领】

煮鸡时间不宜太长，调味汁时要掌握好各种调料用量比例。

# 泡凤爪 026

**特点｜脆香鲜辣、开胃解腻。**

## 主辅料：

鸡爪、朝天椒。

## 调料：

泡椒汁、蒜头、香叶、桂皮、八角、花椒、盐、白醋、白酒、生抽、矿泉水各适量。

## 【操作要领】

香料最好选用棉布袋包好后再入锅，这样可以减少锅中的残渣。

## 制作程序：

1. 将洗好的朝天椒拍扁；洗净的蒜头拍扁，备用。
2. 锅倒水，放入洗净的香叶、桂皮、八角、花椒，加盐、生抽，放入洗净的鸡爪。
3. 盖盖，大火烧开转小火再煮约 15 分钟至熟，揭盖，捞出鸡爪，去趾甲，对半切开。
4. 取干净的玻璃罐，放入朝天椒、蒜头、泡椒汁、白醋、矿泉水、白酒、盐拌匀。
5. 鸡爪入玻璃罐中，再放入剩余的蒜头、朝天椒，加盖置于阴凉处密封 7 天即可。

# 干拌土鸡 027

**特点 | 色红油亮，麻辣鲜香。**

## 主辅料：

土仔鸡、香辣酥、熟花仁、香菜、葱花。

## 调 料：

白卤水、辣椒面、花椒面、盐、味精、香油、熟芝麻各适量。

## 制作程序：

1. 土仔鸡入白卤水卤熟，取出剁成块；熟花仁压碎；香菜切细；葱切葱花。
2. 上述各料同放于碗内，加入辣椒面、花椒面、盐、味精、香油、熟芝麻拌匀装入盘中即可。

**【操作要领】**

该菜为干拌，所以不加酱油、醋等液体调味料。

# 红汤爽口鸡 028

**特点 | 色红油亮，爽口美味。**

## 主辅料：

三黄鸡肉、油酥花生、芝麻。

## 调 料：

精盐、味精、鸡精、密制红油、鸡汤、香醋、美极鲜各适量。

## 制作程序：

1. 鸡肉洗净，放入沸水中汆去血污，再放入加入盐、清水的吊桶中烧沸后，关火焖20分钟取出，去大骨，斩成块，叠于盘中。
2. 用油酥花生、芝麻、精盐、味精、鸡精、密制红油、鸡汤、香醋、美极鲜对成红汤汁，淋于鸡肉上，再撒上花生米、芝麻即可。

# 家常川菜

【第二篇·热菜卷】

炒菜时要注意调味料放的多少，放的先后顺序和烹制的时间长短。时间太长，菜就老了；时间太短，菜又可能成熟不够。总之，做菜既需要学习专门的知识，更需要多多实践。

## 001

# 回锅肉

**特点｜色泽红亮，肉片柔香，肥而不腻，咸鲜微辣。**

**主辅料：**

猪二刀肉、蒜苗。

**调料：**

豆瓣、姜、蒜片、甜面酱、味精、白糖、料酒各适量。

**制作程序：**

1. 猪二刀肉洗净，煮熟切片；蒜苗洗净，切寸节。
2. 锅中放油，加热，将切好的熟肉片倒入锅中爆香，加入豆瓣、料酒、甜面酱、姜蒜、白糖爆香，入味后再加入蒜苗、味精，翻炒均匀，起锅即成。

**【操作要领】**

煮肉时，不能煮太耙，否则炒不香。爆炒时油不宜过多。

## 002

# 板栗红烧肉

**特点｜肥瘦相间，香甜松软，入口即化。**

**主辅料：**

板栗、猪五花肉。

**调料：**

酱油、料酒各适量。

**制作程序：**

1. 猪肉洗净，切成块，放入清水锅中汆去血污；板栗放入清水锅中，用小火煮 10 分钟左右捞出，去壳去皮。
2. 锅内放入油烧热，放入猪肉炒干水分，加入酱油、料酒、清水，盖上锅盖烧 1 分钟，再放入板栗烧沸，改用小火烧至原料熟透时，以大火收汁后，出锅即可。

## 003 干豆角烧肉

**特点** | 干豆角吸进了红烧肉的绝顶香味，有口感软糯、回味、弹牙等特点。

**主辅料：**

五花肉、豆角。

**调料：**

盐、八角、桂皮、干辣椒、姜、蒜、葱、味精、白糖、老抽、黄豆酱、料酒、水淀粉、食用油各适量。

**制作程序：**

1. 将洗净泡发的豆角切成小段，焯水，捞出；姜切片；蒜剁成末；葱切成小段；洗好的五花肉切厚片，再切成条，改切成丁。
2. 用油起锅，倒入切好的五花肉，用小火炒出油脂，加入白糖，炒至完全熔化，倒入八角、桂皮、干辣椒、姜片、葱段、蒜末，爆香。
3. 淋入少许老抽，炒匀，加入料酒，炒匀提味，加入适量黄豆酱，翻炒匀，再倒入焯过水的豆角，再加入适量清水，煮至沸。
4. 加入盐、味精，翻炒片刻使其入味，盖上盖，烧开后转小火焖至食材熟软，揭开锅盖，倒入适量的水淀粉炒匀即可。

# 生爆盐煎肉

**特点** | 干香酥嫩，味道鲜美，具有浓厚的地方风味。

## 004

**主辅料：**

五花肉、青椒、红椒。

**调料：**

葱段、蒜末、盐、生抽、豆瓣酱、食用油各适量。

**制作程序：**

1. 洗净的红椒切成圈；洗好的青椒切成圈；处理好的五花肉切成片。
2. 用油起锅，倒入五花肉，翻炒出油，放入盐，翻炒均匀。
3. 淋入生抽，放入豆瓣酱，翻炒片刻，放入葱段、蒜末，翻炒出香味。
4. 倒入切好的青椒、红椒，翻炒片刻，至其入味，盛出装入盘中即可。

**【操作要领】**

做生爆盐煎肉的肉不需要事先处理直接下锅煸炒，所以对于肉的质量要求更高一些，过肥则腻，过瘦则柴。因为此菜是大火爆炒，所以需要将肉切得很薄。

## 005

# 回锅肉土豆片

**特点 | 瘦身排毒，适合一般人群食用。**

**主辅料：**

土豆、五花肉、青椒、红椒。

**调料：**

姜片、蒜末、葱段、干辣椒、盐、味精、食用油、生抽、豆瓣酱、鸡粉、料酒、水淀粉、芝麻油各适量。

**制作程序：**

1. 锅中注水，放入五花肉，用中火煮约 10 分钟取出，切成片，待用。土豆去皮洗净切片；青、红椒洗净切块。
2. 锅中注水，加食用油，将土豆焯 2 分钟捞出。用油起锅，倒入五花肉、姜片、蒜末、葱段和干辣椒炒匀。
3. 倒入青椒、红椒、土豆、生抽、盐、味精、鸡粉、豆瓣酱、料酒，炒匀。倒入水淀粉，加入芝麻油炒匀即成。

## 006

# 麻辣猪肝

**特点** | 麻辣味浓，猪肝鲜嫩，花生米香脆。

### 主辅料：

猪肝、花生。

### 调料：

盐、味精、干辣椒、水淀粉、姜、花椒、葱各适量。

### 制作程序：

1. 猪肝入水浸泡，捞出切薄片；葱洗净切葱花。
2. 将干辣椒、花生、花椒、姜入油锅炸出香味，下猪肝片炒熟，加盐、味精、葱花、水淀粉调味即可。

### 【操作要领】

猪肝一定用水浸泡，以释放出毒素。

## 007
# 卜豆角回锅肉

**特点 | 豆角有嚼劲儿，回锅肉香甜。**

**主辅料：**

卜豆角、腊肉。

**调料：**

盐、红椒各适量。

**制作程序：**

1. 卜豆角泡发，洗净；腊肉洗净，入锅中煮至回软后捞出切成薄片；红椒洗净，切圈。
2. 炒锅加油烧热，下入腊肉炒至出油，再加入卜豆角一起翻炒。
3. 最后撒上红椒，调入盐，炒熟即可。

**【操作要领】**

腊肉切片要薄。

## 008
# 大头菜炒肉丁

**特点 | 爽口滋润，开胃消食。**

**主辅料：**

猪肉、大头菜。

**调料：**

味精、盐、酱油、辣椒各适量。

**制作程序：**

1. 大头菜洗净去皮，切丁；辣椒洗净，切丁；猪肉洗净，切丁，放味精、酱油腌15分钟。
2. 锅注油，烧至六成热，下入肉丁炒香，放入大头菜、辣椒翻炒均匀。
3. 加盐炒匀，盛盘即可。

**【操作要领】**

本身大头菜就有咸味，后面的盐应相应放少量。

# 滑溜肉片 009

**特点｜肉片洁白、鲜嫩爽滑。**

## 主辅料：

猪肉、蚕豆。

## 调料：

水淀粉、料酒、盐、鸡精各适量。

## 制作程序：

1. 猪肉洗净，切片，加盐和水淀粉拌匀；蚕豆洗净。
2. 炒锅注油烧热，放入猪肉滑炒，再放入蚕豆翻炒至熟。
3. 烹料酒，调入盐、鸡精，加少许水，加水淀粉勾芡，起锅装盘即可。

**【操作要领】**

肉片滑油时要掌握好油温和滑油时间，在油微热时将肉片散开放入，待肉片微熟时迅速捞出备用，这样才能保证成品鲜嫩爽滑。

# 辣子肉丁 010

**特点 | 肉丁软嫩，莴笋鲜脆，绿白相间，咸鲜微辣，家常风味。**

**主辅料：**

猪瘦肉、莴笋、红椒、花生米、干辣椒。

**调料：**

姜片、蒜末、葱段、盐、鸡粉、料酒、水淀粉、辣椒油、食粉、食用油各适量。

**【操作要领】**

莴笋焯水时间不宜过长，以免失去其爽脆的口感。

**制作程序：**

1. 洗净去皮的莴笋切丁；洗好的红椒切段；洗净的猪瘦肉切丁。瘦肉丁中放入食粉、盐、鸡粉、水淀粉、食用油，拌匀，腌渍10分钟。
2. 锅中注水烧开，放入盐、食用油、莴笋丁，煮至断生，捞出，沥干。将花生米焯水后捞出，入油锅炸出香味，捞出沥干。
3. 将瘦肉丁滑油至变色，捞出；起油锅，放姜、蒜、葱、红椒、干辣椒，炒香。放莴笋、瘦肉丁炒匀，加辣椒油、盐、料酒、水淀粉、花生米炒匀。

## 011 西红柿煮滑肉

**特点｜色泽红艳，酸甜开胃。**

**主辅料：**

猪里脊肉、西红柿。

**调料：**

a料：姜葱汁、料酒、盐、胡椒，鸡蛋清、干细淀粉；b料：番茄酱、盐、白糖、白醋、味精、鲜汤、葱花、水淀粉、香菜、色拉油各适量。

**制作程序：**

1. 猪里脊肉切片，入碗加a料拌匀，腌渍15分钟；番茄切片。
2. 炒锅上火，烧清水至沸，下肉片滑散，捞起。
3. 锅内烧油至三成热，放入番茄酱炒香，掺入鲜汤，放入肉片、番茄，用盐、白糖、白醋、味精调好味，下水淀粉收浓芡汁，起锅装于盆内，撒上葱花、香菜即可。

## 012 滑炒里脊丝

**特点｜色泽洁白，口味咸鲜，肉嫩。**

**主辅料：**

里脊肉、木耳、榨菜丝。

**调料：**

盐、生抽、醋、料酒、葱段各适量。

**制作程序：**

1. 里脊肉洗净，切丝，用盐、料酒腌渍后备用；木耳洗净，切丝；榨菜丝稍微冲洗一下，去掉咸味。
2. 炒锅内注入植物油烧热，放入腌制好的肉丝炒至发白后，再加入木耳、榨菜丝、盐、生抽、料酒、醋翻炒。
3. 加清水，煮至沸，起锅装盘，撒上葱段即可。

## 013

# 家常五香粉蒸肉

**特点** | 肉糯而清香，酥而爽口，嫩而不糜，米粉油润，五香味浓郁。

**主辅料：**

五花肉块、红薯块、蒸肉米粉、蒜末、葱花。

**调料：**

盐、老抽、生抽、料酒、腐乳汁、红油豆瓣酱各适量。

**制作程序：**

1. 取一大碗，放入洗净的五花肉块，加入料酒、生抽、老抽。
2. 撒上蒜末，加入盐、腐乳汁和红油豆瓣酱，拌匀。
3. 再加入蒸肉米粉，拌匀，腌渍一会儿，待用。
4. 取一蒸盘，放入红薯块，铺平，倒入腌渍好的材料，摆好造型。
5. 备好电蒸锅，烧开水后放入蒸盘，盖上盖，蒸约40分钟，至食材熟透。
6. 断电后揭盖，取出蒸盘，趁热撒上葱花即可。

**【操作要领】**

红薯块的个头要均匀一致，摆好盘后造型会更美观。蒸肉米粉可以自己磨，也可以买调好味的。

## 014
# 芹菜牛肉

**特点** | 色泽红艳，麻辣鲜香。

### 主辅料：

牛肉、芹菜。

### 调料：

干辣椒、豆瓣酱、料酒、白糖、盐、花椒面、姜各适量。

### 制作程序：

1. 牛肉洗净切丝；芹菜洗净去叶切段；姜洗净切丝。
2. 油烧热，下牛肉丝炒散，放入盐、料酒和姜丝，下豆瓣酱、干辣椒炒散，待香味逸出、肉丝酥软时加芹菜、白糖炒熟，撒上花椒面即可。

### 【操作要领】

牛肉要大火快炒，趁热吃才嫩。

## 015
# 青椒肉丝

**特点|色香味俱全，营养价值丰富。**

**主辅料：**

青椒、红椒、瘦肉。

**调料：**

葱段、蒜片、姜丝、盐、水淀粉、味精、食粉、豆瓣酱、料酒、蚝油、食用油各适量。

**制作程序：**

1. 红椒、青椒洗净，切成丝；瘦肉洗好，切成丝。肉丝装碗，加食粉、适量的盐、味精、水淀粉、食用油拌匀，腌渍10分钟。
2. 热锅注油烧热，倒入肉丝滑油捞出。锅底留油，爆香姜丝、蒜片、葱段。
3. 倒入青椒、红椒、肉丝，炒匀。调入剩余的盐、味精、蚝油、料酒，倒入豆瓣酱炒匀，用水淀粉勾芡即成。

## 016
# 干煸肉丝

**特点|麻辣干香，豆芽脆爽，是一款佐酒佳肴。**

**主辅料：**

牛肉里脊、黄豆芽。

**调料：**

红油、豆瓣、姜、蒜米、辣椒面、盐、味精、花椒面、香菜杆各适量。

**制作程序：**

1. 牛里脊用顶刀法切成二粗丝待用；黄豆芽去掉两头，洗净待用。
2. 锅上火炙好锅，加少许清油烧热，下入牛肉丝，煸至熟透，再下入豆芽煸断生，炒香后，加入姜、蒜、辣椒面和其他调料，装盘，撒上花椒面即成。

**【操作要领】**

肉丝一定要煸干炒入味。

# 鱼香肉丝 017

**特点 | 咸香微辣，开胃下饭。**

## 主辅料：

猪瘦肉、水发木耳、青笋。

## 调料：

姜蒜米、泡红辣椒、醋、油、盐、白糖、葱、生粉、味精各适量。

## 制作程序：

1. 肉切丝，加盐、生粉码味。
2. 青笋去皮切丝，木耳切丝，泡红椒切末。
3. 锅下油烧至五成热，放肉丝炒散后，放泡红辣椒炒香出色，加姜蒜米，放青笋丝、木耳丝、盐、白糖、醋、味精，推转均匀，放葱花即可。

**【操作要领】**

肉丝炒熟即可，以免老绵。

# 香干炒腊肉 018

**特点 | 色香味美，老少咸宜。**

## 主辅料：

香干、腊肉、红椒。

## 调料：

姜片、蒜末、葱白、盐、鸡粉、生抽、豆瓣酱、料酒、水淀粉、食用油各适量。

## 【操作要领】

在切腊肉之前，一定要把表面处理干净。

## 制作程序：

1. 将香干切成片；腊肉切成片；红椒切成片。锅中加入清水，大火烧开，倒入腊肉，煮1分钟，去除部分盐分，将煮好的腊肉捞出备用。
2. 热锅注油，烧至五成热，倒入香干，滑油片刻后捞出备用。锅留底油，倒入姜片、蒜末、葱白爆香，倒入切好的红椒，再倒入腊肉炒匀。
3. 淋入料酒，拌炒一会，倒入滑过油的香干，加入盐、鸡粉、生抽、豆瓣酱，炒匀调味。锅中倒入清水，拌炒；用水淀粉勾芡，快速拌炒匀，盛出装盘即可。

## 019
# 尖椒炒腊肉

**特点 | 浓香鲜美，风味独特。**

**主辅料：**
腊肉、青椒。

**调料：**
盐、鸡精、红椒各适量。

**制作程序：**
1. 腊肉洗净，切成片状；青椒、红椒分别去蒂、去籽，再洗净切成条状。
2. 锅中注入油，烧至五六成热，放入腊肉，炒至出油，再放入青椒、红椒，翻炒片刻，加入盐、鸡精调味，继续炒熟，装盘即可。

**【操作要领】**
在切腊肉之前，一定要把表面处理干净。

## 020
# 尖椒炒剔骨肉

**特点 | 制作简单，开胃爽口。**

**主辅料：**
猪头肉、红椒。

**调料：**
盐、味精、酱油、蒜苗、姜各适量。

**制作程序：**
1. 猪头煮熟，剔骨、取肉切下后，入油锅里滑散。
2. 红椒去蒂切圈；蒜苗洗净切段；姜洗净切碎。
3. 油锅烧热，下红椒和姜末炒香，放剔骨肉，加盐、味精、酱油、蒜苗段，炒匀入味即成。

**【操作要领】**
大火快炒，炒至辣椒断生即可。

## 021 春蚕豆炒小牛肉

**特点**|色泽鲜香，香甜松软。

**主辅料：**

小牛肉、春蚕豆、红辣椒。

**调料：**

料酒、生抽、淀粉、盐各适量。

**制作程序：**

1. 牛肉洗净切片；放入淀粉和生抽拌匀腌渍10分钟；春蚕豆洗净，红椒洗净切圈。
2. 油锅烧热，爆香红辣椒，放入牛肉翻炒，加入料酒、生抽，炒至牛肉变成红色，然后放入春蚕豆，待九成熟后放入盐，炒匀即可。

**【操作要领】**

蚕豆不可生吃，应将生蚕豆多次浸泡或焯水后再进行烹制。

## 022

# 火爆腰花

**特点** | 腰花鲜嫩，造形美观，味道醇厚，滑润不腻。

**主辅料：**

猪腰、玉兰片、木耳、小白菜。

**调料：**

泡辣椒、姜、蒜、葱、精盐、酱油、味精、胡椒粉、料酒、鲜汤、芝麻油、水淀粉、植物油各适量。

**制作程序：**

1. 猪腰从侧面一切为二，去掉内白，洗净，斜切花纹，再切片，放入沸水中氽透，捞出。
2. 玉兰片洗净、切片。木耳泡软，去蒂、切片。葱、姜洗净切末，小白菜洗净切片。
3. 锅内放油，烧热，爆香葱末、姜末，放入玉兰片、木耳，加入猪腰翻炒均匀，加酒、酱油、盐、味精、水淀粉、香油、糖爆炒入味即可。

**【操作要领】**

腰花应氽水漂洗充分，减少腥味对菜品的影响。

## 023

# 干豇豆炒腊肉

**特点|入口鲜香，特别适合秋冬交替冷空气来临之际食用。**

**主辅料：**

腊肉、干豇豆。

**调料：**

盐、味精、干辣椒、姜各适量。

**制作程序：**

1. 腊肉洗净切成薄片；干豇豆泡发后切段；干辣椒洗净切成小段；姜洗净切片。
2. 锅中加油烧热，放姜片爆香，下入腊肉片炒至出油。
3. 再加入干豇豆、干辣椒炒熟，调入调味料即可。

**【操作要领】**

干豇豆要先泡发。

## 024

# 腊肉炒蒜薹

**特点|做法极其简单，容易入手，美味。**

**主辅料：**

腊肉、蒜薹。

**调料：**

盐、味精、干辣椒、姜各适量。

**制作程序：**

1. 蒜薹切成段，腊肉切成薄片，干辣椒剪成段，姜切片；锅中放油烧热，下入腊肉、蒜薹一起炸至干香后，捞出沥油。
2. 原锅留油，下入姜片、干椒段炒出香味，再加入腊肉、蒜薹一起炒匀，调入味即可。

**【操作要领】**

调料简单，以突出蒜苔腊肉的原味。

# 苦瓜炒腊肉 025

**特点 | 风味独特，回味无穷。**

**主辅料：**

苦瓜、腊肉片。

**调料：**

料酒、红辣椒段、姜丝、蒜末、胡椒粉、盐各适量。

**制作程序：**

1. 腊肉片用温水浸泡；苦瓜切片。
2. 油锅烧热，炒香姜丝、蒜末、红辣椒段，放腊肉略炒，下料酒、苦瓜片、胡椒粉、盐炒熟即可。

**【操作要领】**

腊肉本身就有咸味，要少放盐。腊肉要炒出香味，才能加入苦瓜，苦瓜炒好之后，仍要带点脆性。

# 萝卜干炒腊肠 026

**特点 | 腊肠咸香，萝卜干爽脆。**

## 主辅料：

萝卜干、腊肠、蒜薹、葱花。

## 调料：

盐、豆瓣酱、料酒、鸡粉、食用油各适量。

## 【操作要领】

腊肠本身就有盐，所以尽量少放盐。

## 制作程序：

1. 蒜薹、萝卜干切段；腊肠用斜刀切成片。
2. 锅中注入清水烧热，倒入蒜薹、萝卜干，搅匀，煮约半分钟，至其断生；捞出，沥干水分。
3. 用油起锅，倒入腊肠，炒至出油，放入蒜薹、萝卜干，炒匀。
4. 加入豆瓣酱、料酒，炒香，放入少许鸡粉、盐，快速翻炒，关火后盛出食材，撒上葱花即可。

## 027

# 火爆双脆

**特点 | 成菜色泽红绿相映，令人胃口大开。**

**主辅料：**

猪腰、猪肉、青椒、红椒。

**调料：**

盐、料酒、醋、水淀粉各适量。

**制作程序：**

1. 猪腰洗净切花刀；猪肉洗净切小块；青椒、红椒均去蒂、洗净，斜刀切段。
2. 油锅烧热，下猪腰、猪肉炒至五成熟，放青椒、红椒同炒，加盐、料酒、醋调味。
3. 待熟用水淀粉勾芡，盛盘即可。

**【操作要领】**

猪腰、猪肉不要炒得太老，只需五成熟即可。

## 028

# 双豆烧猪手

**特点 | 味道可口，肉质嫩滑。**

**主辅料：**

猪蹄、青豆、黄豆。

**调料：**

豆瓣酱、姜米、葱节、盐、胡椒、料酒、白糖、味精、鲜汤、水淀粉、色拉油各适量。

**制作程序：**

1. 猪蹄剁成块，入沸水锅焯水至断生，捞起沥尽水，备用。
2. 炒锅上火，烧油至四成热，放入豆瓣酱、姜米、葱节炒香，待油红时掺入鲜汤，捞去料渣不用，投入猪蹄、青豆、黄豆，调入盐、胡椒、料酒、白糖烧熟，最后下味精调好味，用水淀粉勾芡，起锅装入盘中即可。

## 029 红烧慈姑排骨

**特点** | 色红油亮，味道鲜美，令人胃口大开。

**主辅料：**

排骨段、慈姑、八角、香叶、姜片、蒜末、葱段。

**调料：**

盐、鸡粉、白糖、蚝油、老抽、生抽、料酒、水淀粉、食用油各适量。

**制作程序：**

1. 将洗净的慈姑切去头尾，再切小块。
2. 锅中烧开水，放入洗净的排骨段，淋上料酒，用大火汆煮 1 分钟。
3. 捞出汆好的排骨段，沥干水分，待用。
4. 用油起锅，放入少许备好的八角、香叶、姜片、蒜末、葱段，爆香。
5. 倒入汆过水的排骨段，用大火翻炒均匀。
6. 淋入适量料酒，炒匀提味，再放入少许生抽、蚝油、老抽，炒匀上色。
7. 注入适量清水，倒入切好的慈姑，加入少许盐、鸡粉、白糖，炒匀调味。
8. 加盖，用小火焖煮约 10 分钟，至食材熟软。
9. 揭盖，转大火收汁，倒入适量水淀粉，快速翻炒一会儿即可。

# 椒盐排骨

**特点**|色泽金黄，外焦里嫩，口味咸香。

## 030

**主辅料：**

排骨、红椒、蒜末、葱花。

**调料：**

料酒、嫩肉粉、生抽、吉士粉、面粉、味椒盐、鸡粉、盐、食用油各适量。

**制作程序：**

1. 排骨洗净斩段；红椒切粒。
2. 排骨段装入碗中，加入嫩肉粉、盐、鸡粉、生抽、料酒、吉士粉、面粉腌制。
3. 食用油烧热，将排骨段炸熟后捞出。
4. 锅底留油，炒香蒜末、红椒粒、葱花，放入排骨段，淋入适量料酒。
5. 再加入味椒盐和鸡粉。
6. 把锅中的食材翻炒入味，盛出即可。

**【操作要领】**

椒盐排骨外面有一层蛋糊，所以下锅时，锅里的汁会马上变稠，这时要不停地翻炒以防止沾锅。

## 031

# 爆炒肥肠

**特点｜肥肠软糯，香味浓郁。**

**主辅料：**

猪大肠、蒜苗。

**调料：**

盐、味精、酱油、辣椒、红油各适量。

**制作程序：**

1. 猪大肠洗净切小块，用盐、酱油腌渍；蒜苗洗净切段；辣椒洗净切丁。
2. 炒锅注油烧热，下辣椒爆香，放猪大肠煸炒至香气浓郁。
3. 下盐、味精、红油、蒜苗翻炒均匀，出锅盛盘即可。

**【操作要领】**

也可以先爆炒肥肠，将其炒至表面微微焦黄，口感会更好。

## 032
# 黄花菜炒牛肉

**特点**|这是一道受欢迎的家常菜，特别地下饭，越吃越香。

**主辅料：**

黄花菜、瘦牛肉。

**调料：**

姜丝、干辣椒、盐、酱油、料酒、淀粉、葱丝、胡椒粉各适量。

**制作程序：**

1. 黄花菜洗净；牛肉洗净切丝，加盐、料酒、酱油、胡椒粉拌匀。
2. 油锅加热，倒牛肉丝过油，捞出滤油；炒锅上火，放入葱丝、姜丝、牛肉丝、黄花菜、干辣椒、盐、料酒翻炒，加淀粉勾芡即可。

**【操作要领】**

黄花菜撕成丝口感会更好。

## 033
# 葱香牛肉

**特点 | 牛肉滑嫩，葱香味十足。**

### 主辅料：
牛肉、青椒。

### 调料：
姜丝、葱花、盐、胡椒粉、孜然粉、酱油、豆粉、料酒、精炼油各适量。

### 制作程序：
1. 牛肉切成薄片，加胡椒粉、盐、料酒、豆粉、姜丝拌匀，腌制20分钟；青椒切成片状。
2. 锅中加油烧热，倒入牛肉滑炒，牛肉变成白色后，滤出多余的油，再加入青椒翻炒一会，调入盐、酱油、孜然粉、胡椒粉炒匀，出锅装盘，撒上葱花即可。

## 034
# 爆炒牛柳

**特点 | 色香、味美，牛肉熟烂，泡椒味突出。**

### 主辅料：
牛柳。

### 调料：
蚝油、盐、嫩肉粉、淀粉、蒜、姜、香菜、泡椒、指天椒各适量。

### 制作程序：
1. 牛柳切丝冲水；指天椒切块。
2. 牛柳用嫩肉粉、淀粉、盐腌渍后过油。
3. 煸香蒜、姜，下泡椒、指天椒、牛柳、盐、蚝油炒熟，起锅前放香菜即可。

### 【操作要领】
牛柳要腌制几分钟，才能入味。

# 醋椒牛柳 035

**特点｜肉片滑嫩，花椒味浓。**

## 主辅料：

牛柳、青红尖椒。

## 调料：

a料：姜葱汁、料酒、盐、胡椒，鸡蛋清、干细淀粉；b料：盐、白糖、醋、味精、鸡精、胡椒、老抽、鲜汤、香油、水淀粉；蚝油、蒜茸、青花椒、色拉油各适量。

## 制作程序：

1. 牛柳切片，入碗加a料拌匀，腌渍15分钟；青红尖椒切圈。
2. 料入碗调匀成味汁。
3. 牛肉入热油锅过油捞起。锅内留油少许，下蚝油、蒜茸、青花椒、青红尖椒爆香，下牛肉、料酒炒匀，烹入b料，起锅装盘即成。

**【操作要领】**

牛柳过油后，下锅炒制时间不宜过长，以免肉质变老。

# 酱烧牛肉 036

**特点 | 味道鲜美，浓郁酥嫩。**

## 主辅料：

牛腩、葱段、辣椒段。

## 调料：

姜、香料、豆瓣酱、酱油、料酒、糖、盐各适量。

## 制作程序：

1. 牛肉切成小块，用清水冲洗干净。凉水下锅，水开后捞出，再加入葱姜炒香。
2. 锅中注油，油热后放入香料炒出香味。再加入葱姜、辣椒酱炒香，加入豆瓣酱翻炒均匀，倒入酱油、料酒，开锅后倒入清水、糖搅匀。
3. 水开后放入牛肉，小火炖 40 分钟。加入盐再炖制 10 分钟即可。

【操作要领】

盐要最后加入，过早加入盐牛肉不易软烂。

## 037

# 鲜笋烧牛腩

**特点｜郫县豆瓣带出了牛肉的鲜味，而笋又吃饱了肉汁，相得益彰！**

**主辅料：**

竹笋、牛腩。

**调料：**

干辣椒、红油、盐、酱油各适量。

**制作程序：**

1. 竹笋洗净，对半剖开；牛腩洗净切块；干辣椒洗净切段。
2. 锅中倒油烧热，下入牛腩炒熟，加入竹笋、干辣椒炒匀。
3. 下入盐、酱油、红油炒匀，倒适量水烧至汁水浓稠后即可。

**【操作要领】**

牛腩可先焯水再烧。

## 038

# 双椒炒牛肉

**特点｜色彩鲜艳，味道鲜美。**

**主辅料：**

牛肉、青椒、红椒、小米泡椒、姜片、蒜末、葱段、葱花。

**调料：**

盐、味精、水淀粉、食粉、生抽、料酒、蚝油、食用油、豆瓣酱各适量。

**制作程序：**

1. 小米泡椒切段；红椒、青椒均洗净切圈；牛肉洗净切片。
2. 牛肉片用食粉、生抽、盐、味精、水淀粉、食用油腌渍。
3. 牛肉片滑油捞出；锅底留油，炒香姜片、蒜末、葱段、青椒、红椒。
4. 放小米泡椒、牛肉、盐、料酒、味精、蚝油、豆瓣酱、水淀粉、葱花炒匀。

## 039
# 青豆烧牛肉

**特点**｜鲜香可口。

**主辅料：**

牛肉、青豆。

**调料：**

豆瓣、葱花、蒜、姜、水淀粉、料酒、嫩肉粉、盐、花椒面、上汤、酱油各适量。

**制作程序：**

1. 牛肉洗净切片，用水淀粉、嫩肉粉、料酒、盐抓匀上浆；豆瓣剁细；青豆洗净；姜、蒜洗净去皮切米。
2. 锅置火上，油烧热，放豆瓣、姜米、蒜米炒香，倒入上汤，加酱油、料酒、盐，烧开后下牛肉片、青豆。
3. 待肉片熟后用水淀粉勾薄芡，装盘，撒上花椒面、葱花即可。

**【操作要领】**

牛肉片先码味入味。

**青豆富含不饱和脂肪酸和大豆磷脂，有保持血管弹性、健脑和防止脂肪肝形成的作用。儿童常食此菜，健脑功效显著。**

# 小土豆烧牛腩 040

**特点｜滋味醇厚，鲜香可口。**

## 主辅料：

牛腩、小土豆、青椒。

## 调料：

盐、鸡精、酱油、料酒、红油各适量。

## 制作程序：

1. 牛腩洗净切块；小土豆去皮洗净，沥干备用；青椒洗净沥干，斜切圈。
2. 油烧热，下牛腩，调入酱油、料酒和红油，下小土豆稍炒，注入沸水，焖熟，加入青椒圈稍焖片刻。
3. 加入盐和鸡精调味即可。

**【操作要领】**

土豆先炒再烧不易碎。

# 韭菜炒牛肉 041

**特点** | 鲜嫩的牛柳配上柔嫩的韭菜，每一口都有充足的肉汁，有壮体格和促排便的作用。

## 主辅料：

牛肉、韭菜、彩椒。

## 调料：

姜片、蒜末、盐、鸡粉、料酒、生抽、水淀粉、食用油各适量。

## 制作程序：

1. 将洗净的韭菜切成段；洗好的彩椒切粗丝；洗净的牛肉切片，再切成丝。
2. 把肉丝装入碗中，加料酒、盐、生抽、水淀粉、食用油，腌渍入味。
3. 用油起锅，倒入肉丝炒变色，放入姜片、蒜末，炒香，倒入韭菜、彩椒，翻炒至食材熟软。
4. 加入盐、鸡粉，淋入生抽，用中火炒匀，至食材入味即成。

## 042
# 西兰花炒牛肉

**特点 | 味道鲜美，营养丰富。**

**主辅料：**

牛肉、西兰花、洋葱、红椒。

**调料：**

食用油、盐、酱油、米酒、水淀粉、姜末、蒜末各适量。

**制作程序：**

1. 将西兰花掰成小朵，焯烫后沥干；洋葱、红椒分别洗净切片。
2. 牛肉横纹切薄片，加盐、酱油、米酒腌10分钟；锅中倒油烧热，放入牛肉片滑炒，待变色即捞出沥油。
3. 锅中重新加油烧热，放入姜末、蒜末爆香，放入洋葱翻炒，再放入牛肉片略炒。
4. 最后加入西兰花、红椒翻炒，再放入盐调味、水淀粉勾芡即可。

## 043
# 双椒炒牛肉

**特点 | 色彩鲜艳，味道鲜美。**

**主辅料：**

牛肋肉、土豆。

**调料：**

精炼油、郫县豆瓣、干辣椒节、整花椒、五香粉、味精、白糖、生姜、整大蒜、鸡精、精盐、糖色、香油、香菜、鲜汤各适量。

**制作程序：**

1. 牛肉用沸水汆去血水洗净，切成小方块；土豆削皮切滚刀块。
2. 锅置火上，下油加入豆瓣、整花椒、生姜反复炒，待豆瓣吐辣椒油出香味时掺入鲜汤烧开，捞去料渣，下牛肉、干辣椒节、整大蒜、五香粉、白糖、鸡精、精盐、少许糖色烧开，撇去浮沫，以小火烧，至牛肉七成熟，再放土豆烧熟，然后用大火收汁，加味精、香油起锅加少许香菜即成。

## 044
# 葱爆羊肉

**特点**｜羊肉滑嫩、鲜香不膻、汪油包汁，食后回味无穷。

**主辅料：**

羊肉、洋葱、红椒。

**调料：**

鸡蛋、精盐、酱油、绍酒、味精、湿淀粉、精炼油各适量。

**制作程序：**

1. 羊肉切片，用酱油、味精、淀粉腌10分钟；蒜切成片，洋葱洗净切成片；红椒切片。
2. 锅里加油烧热，倒入羊肉爆炒1分钟，盛出。
3. 炒锅里加油烧热，倒入蒜、洋葱煸出香味，下入羊肉、红椒一同翻炒片刻，调入白醋、香油、白糖，用水淀粉勾薄芡，翻炒均匀后盛出即可。

**【操作要领】**

羊肉爆炒一定要多油高温。

羊肉性温，冬季常吃羊肉，不仅可以增加人体热量，抵御寒冷，而且还能增加消化酶，保护胃壁，修复胃黏膜，帮助脾胃消化，起到抗衰老的作用。

# 仔姜羊肉

**特点** | 色泽美观，鲜香微辣。

## 045

**主辅料：**

羊肉、淀粉、甜面酱。

**调料：**

仔姜丝、青椒、红椒、蒜苗段、肉汤、盐、料酒、酱油、味精各适量。

**制作程序：**

1. 羊肉洗净，切丝，加入料酒、盐拌匀；青、红椒洗净切开；酱油、淀粉、味精、肉汤拌成调味汁。
2. 锅倒油烧热，下羊肉滑散，放甜面酱炒香，加仔姜丝、青椒、红椒、蒜苗段炒几下，加调味汁炒匀即可。

**【操作要领】**

羊肉中有很多膜，切丝之前应先将其剔除，否则炒熟后肉膜变硬，吃起来难以下咽。

## 046

# 豌豆牛肉粒

**特点｜色泽鲜艳，肉质鲜嫩。**

**主辅料：**

牛肉、豌豆。

**调料：**

干辣椒粒、姜、淀粉、料酒、盐各适量。

**制作程序：**

1. 牛肉洗净，切丁，加入少许料酒、淀粉上浆。
2. 豌豆洗净，入锅中煮熟后，捞出沥水；姜去皮洗净切片。
3. 油烧热，下干辣椒粒、红辣椒、姜片爆热，入豌豆、牛肉翻炒，再调入盐，用淀粉勾芡，装盘即可。

**【操作要领】**

这道菜最适合现做现吃，牛肉会比较嫩。

## 047
# 家常小炒鸡

**特点｜原料丰富，制作简单，味道浓郁。**

**主辅料：**

嫩仔鸡、生姜、芹菜、红椒、鲜木耳。

**调料：**

花生油、盐、味精、胡椒粉、湿生粉、麻油各适量。

**制作程序：**

1. 嫩仔鸡砍成条，生姜去皮切丝，芹菜去叶、根切段，鲜木耳洗净切条，红椒切丝。
2. 嫩仔鸡加少许盐、味精、湿生粉抓一抓，烧锅下油，待油热时，投入鸡条炒至八成熟，倒出待用。
3. 另烧锅下油，放入姜丝、芹菜、红椒丝、鲜木耳炒片刻，加入鸡条，调入盐、味精、胡椒粉，用中火炒透，再用湿生粉勾芡，淋入麻油即成。

**【操作要领】**

鸡肉不能太大块，这样不易入味、成熟，一定要提前腌制，这样味道浓郁。

## 048

# 芹菜羊肉

**特点|做法简单，容易入手，美味。**

**主辅料：**

羊肉、芹菜。

**调料：**

盐、味精、醋、酱油、红椒、蒜各适量。

**制作程序：**

1. 羊肉洗净切片；芹菜洗净切段；蒜洗净切开；红椒洗净切圈。
2. 锅注油烧热，下羊肉翻炒至变色，加入芹菜段、蒜瓣、红椒一起翻炒。
3. 再加入盐、醋、酱油炒至熟时，加入味精调味，装盘即可。

**【操作要领】**

羊肉不要久炒。

## 049

# 回锅羊肉

**特点|肉嫩、味鲜、汤醇。**

**主辅料：**

羊肉。

**调料：**

红曲米水、姜片、葱段、花椒、蒜蓉、豆瓣酱、料酒、盐、味精、蚝油、朝天椒末、青椒片、红椒圈、孜然粉各适量。

**制作程序：**

1. 锅中倒入清水烧热，放入洗净的羊肉、红曲米水、姜片、葱段，焖煮至熟透，捞出羊肉，切成片。
2. 起油锅，倒入羊肉片、花椒和余下姜片、蒜蓉，炒匀，再加入豆瓣酱、料酒、盐、味精、蚝油、朝天椒末、青椒片、红椒圈、孜然粉，炒匀即可。

# 蒜香羊肉 050

**特点｜软烂鲜香，味醇浓郁。**

## 主辅料：

卤羊肉。

## 调料：

红椒、蒜末、葱花、盐、鸡粉、陈醋、生抽、芝麻油各适量。

## 制作程序：

1. 把洗净的红椒切成细圈。
2. 将卤羊肉切成薄片，倒入碗中。
3. 在卤羊肉片中加入切好的红椒圈。
4. 放入备好的蒜末、葱花，加入适量盐、鸡粉。
5. 淋上适量的陈醋、生抽。
6. 倒上少许芝麻油。
7. 拌约 1 分钟至食材入味。
8. 将拌好的食材盛入盘中，摆好即成。

**【操作要领】**

羊肉切片要薄。

# 香辣仔兔 051

**特点｜红润油亮，肉质鲜嫩。**

**主辅料：**

仔兔肉、菜胆。

**调料：**

鲜青红辣椒节、葱段、姜片、蒜片、精炼油、水淀粉、花椒、鸡精、盐、干辣椒节各适量。

**制作程序：**

1. 兔肉洗净，捶松后斩成块，用盐、水淀粉码芡。
2. 锅中加油烧热，放入干辣椒、花椒炝香，然后下姜片、葱段、蒜片炒出香味，再加入兔肉炒熟，烹入味精、鸡精，勾入红香油，起锅装盘，摆入菜胆，撒青红辣椒段即可。

**【操作要领】**

兔肉码味要充足，确保兔肉去除草腥味。捶打要充分，便于兔肉松软入味。

## 052

# 麻辣风味兔肉

**特点 | 营养丰富，色泽红黄，麻辣嫩鲜。**

**主辅料：**

兔肉。

**调料：**

盐、味精、酱油、醋、干辣椒、花椒各适量。

**制作程序：**

1. 兔肉洗净，切小块；干辣椒洗净，切段备用。
2. 油锅烧热，放入干辣椒、花椒炒香，再加兔肉翻炒。
3. 炒至熟后，加入盐、味精、酱油、醋调味，起锅装盘即可。

**【操作要领】**

兔肉易熟，不要久炒。

## 053

# 黄焖兔

**特点 | 荤素搭配，营养丰富。**

**主辅料：**

仔兔、青笋、香菜。

**调料：**

泡辣椒、姜片、葱段、盐、酱油、胡椒、料酒、味精、鲜汤、水淀粉、色拉油各适量。

**制作程序：**

1. 仔兔剁成块，入碗加盐、胡椒、料酒拌匀码味20分钟；青笋切成滚刀块。
2. 炒锅内烧油至六成热，投入仔兔炸干水汽捞起。
3. 锅内放入色拉油烧热，下泡辣椒、姜片、葱段爆香，掺入鲜汤，调入盐、酱油、胡椒，放入仔兔和青笋烧至入味，待熟软后，调入味精，用水淀粉勾芡，起锅装入盘中，撒上香菜即可。

## 054
# 橙汁鸡片

**特点** | 甜酸味，鸡肉嫩滑。

**主辅料：**

鸡胸肉、橙汁、洋葱、红椒、蒜末、葱花。

**调料：**

盐、鸡粉、白糖、料酒、水淀粉、食用油各适量。

**制作程序：**

1. 洗好的红椒去籽，再切成丁；洗净去皮的洋葱切成丁；洗好的鸡胸肉切开，再切片。
2. 鸡肉片中加盐、鸡粉、水淀粉、食用油，腌渍约10分钟至食材入味。
3. 油锅爆香蒜末，放入洋葱丁、红椒丁，翻炒片刻，倒入鸡肉片炒匀，淋入料酒，炒香、炒透。
4. 注入清水，翻动几下，倒入橙汁炒匀，加入白糖，炒至糖分熔化，盛出，撒上葱花即成。

**【操作要领】**

如果用的是买的鲜橙汁就可以不放糖了。如果橙汁放多了的话，可以加一点水淀粉勾芡。

# 双椒鸡丝

**特点|** 白的嫩、绿的脆、红的香——三色美味交相呼应，相映成趣。

## 055

### 主辅料：

鸡胸肉、青椒、彩椒、红小米椒、花椒。

### 调料：

盐、鸡粉、胡椒粉、料酒、食用油各适量。

### 制作程序：

1. 青椒切段，再切开，去籽，改切细丝；彩椒切细丝；红小米椒切小段。
2. 洗好的鸡胸肉切片，再切细丝，装入碗中，加入少许盐、料酒、水淀粉，搅拌匀，再腌渍约10分钟，待用。
3. 用油起锅，倒入肉丝，炒匀，至其变色，撒上备好的花椒，炒出香味。
4. 放入红小米椒，炒匀，淋入少许料酒，炒出辣味；倒入青椒丝、彩椒丝，用大火炒至变软。
5. 加入少许盐、鸡粉，撒上适量胡椒粉；关火后盛出炒好的菜肴，装入盘中即成。

### 【操作要领】

鸡肉丝的烹调时间一定不要过长，否则肉会变老，口感柴。

## 056

# 辣子仔兔

**特点｜麻辣爽口，令人食欲大增。**

### 主辅料：

仔兔、青笋、黄瓜、香菜。

### 调料：

a料：盐、姜葱汁、胡椒粉、白糖、料酒。
b料：香辣酱、干辣椒、花椒、熟大蒜、盐、味精、香油、色拉油、熟芝麻各适量。

### 制作程序：

1. 仔兔剁成块放入盆内，加入a料拌匀，腌渍约30分钟。青笋、黄瓜分别切成节。
2. 炒锅上火，烧油至五成热，下入仔兔炸至干香，起锅沥尽油备用。
3. 锅内留油少许，投入香辣酱、干辣椒、花椒、熟大蒜炒香，下仔兔、黄瓜、青笋炒匀，放入盐、味精、香油调好味，撒熟芝麻炒匀起锅装入锅中，撒上香菜即可。

# 辣炒乌鸡 057

**特点 | 颜色靓丽，美味又营养。**

**主辅料：**

乌鸡、青椒、红椒、洋葱、姜片。

**调料：**

鸡粉、料酒、生抽、豆瓣酱、白糖、水淀粉、食用油各适量。

**制作程序：**

1. 洋葱洗净切成块；红、青椒均洗净，再切成块。
2. 锅中注水烧开，倒入乌鸡块，搅匀，去除血水，捞出。
3. 热锅注油，爆香姜片、豆瓣酱，倒入洋葱、鸡块、料酒、生抽，注水，搅匀。
4. 加入鸡粉、白糖，倒入红椒、青椒，炒匀，倒入水淀粉，搅匀收汁，盛出即可。

**【操作要领】**

如果是嫩鸡，爆炒就可以炒熟，加少量汤汁就可以了，如果是柴鸡，多炖一会儿，小火慢炖可以让菜品入味更好。

# 白果鸡丁 058

**特点 | 鸡丁滑嫩，甜咸可口。白果翠绿，圆润、糯软、清香。**

**主辅料：**

鸡胸肉、彩椒、白果、姜片、葱段。

**调料：**

盐、鸡粉、水淀粉、生抽、料酒、食用油各适量。

**制作程序：**

1. 彩椒切成小块；鸡胸肉切成丁。将鸡肉丁装入碗中，放入适量盐、鸡粉，搅拌均匀。
2. 加入少许水淀粉，倒入少许食用油，搅匀腌渍10分钟至入味。锅中烧开水，加入少许盐、食用油，将去心的白果煮半分钟。加入彩椒块，拌匀，煮半分钟，捞出待用。油锅烧至四成热，倒入腌好的鸡肉丁炸至变色，捞出待用。
3. 锅底留油，放入少许姜片、葱段，爆香，倒入焯过水的白果和彩椒。放入鸡肉丁，淋入少许料酒，用大火翻炒匀，加入适量盐、鸡粉，炒匀。
4. 倒入少许生抽，淋入适量水淀粉炒匀即可。

## 059
# 菠萝鸡

**特点 | 肉质鲜嫩，入口香滑。**

**主辅料：**

鸡胸肉、青红椒、菠萝。

**调料：**

番茄酱、盐、白糖、料酒、黑胡椒各适量。

**制作程序：**

1. 鸡胸肉切块，用料酒黑胡椒和少量的盐拌匀，腌30分钟；菠萝切块泡在淡盐水里；青椒和红椒切小块。
2. 锅里倒适量油烧热，放入鸡块炸至变色。
3. 锅中放油适量，放入青红椒和菠萝快速的翻炒后放入鸡块，再放入白糖、盐、番茄酱翻炒均匀即可。

## 060
# 啤酒烧鸡块

**特点 | 味道鲜香、口感柔嫩、色泽红润、老少皆宜。**

**主辅料：**

鸡肉、青椒、红椒、黄豆。

**调料：**

盐、酱油、水淀粉、啤酒各适量。

**制作程序：**

1. 鸡肉洗净切块；青椒、红椒均洗净切条；黄豆泡发洗净。
2. 烧热油锅，下黄豆、鸡块煸炒，调入盐、酱油、啤酒炒匀，加适量水炖烧，放入青椒、红椒翻炒，快熟时用水淀粉勾芡出锅即可。

**【操作要领】**

鸡肉易熟，不要焖烧时间过长。

## 061
# 酱爆鸡丁

**特点** | 色泽红润，酱香味浓，咸中带甜，口感嫩滑。

**主辅料：**

鸡脯肉、黄瓜、彩椒、姜末、蛋清。

**调料：**

老抽、黄豆酱、淀粉、生粉、白糖、鸡粉、料酒、盐、食用油各适量。

**制作程序：**

1. 洗净的黄瓜切条去瓤，切成丁；洗净的彩椒去籽，切块；处理好的鸡肉切丁。
2. 鸡肉中加盐、料酒、蛋清、鸡粉、食用油，腌渍入味；起油锅，倒入鸡肉，搅匀，倒入黄瓜、彩椒，滑油后捞出。
3. 锅底留油烧热，倒入姜末，炒香，放入黄豆酱，炒匀，注入清水，加入白糖、鸡粉，搅匀。
4. 倒入鸡丁、黄瓜、彩椒，炒匀，加入老抽、水淀粉，快速翻炒，大火收汁即可。

**【操作要领】**

准备做菜之前，应先把鸡丁腌制好，以便更好地入味。

# 老干妈酱爆鸡软骨 062

**特点 | 酱味十足，开胃消食。**

## 主辅料：

鸡软骨、四季豆、姜片、蒜头、葱段。

## 调料：

盐、鸡粉、生抽、老干妈辣酱、生粉、料酒、水淀粉、食用油各适量。

## 制作程序：

1. 洗净的四季豆切小丁。
2. 锅中注入清水，倒入鸡软骨，汆去血水，加料酒去味。
3. 捞出，装碗中，加生抽、生粉，腌渍约10分钟。
4. 热锅注油，加鸡软骨、四季豆、蒜头，炸至七分熟。
5. 锅底留油烧热，放姜片、葱段、材料、料酒、生抽炒匀。
6. 加盐、鸡粉、水淀粉、老干妈辣酱，炒至食材入味即可。

# 酸豆角炒鸡杂 063

**特点 | 酸爽过瘾，下饭的好菜，绝对能吃得胃口大开。**

**主辅料：**

鸡肝、鸡胗、鸡心、酸豆角、泡椒。

**调料：**

盐适量。

**制作程序：**

1. 鸡肝、鸡胗、鸡心均洗净切块；酸豆角切段；泡椒切条。
2. 烧热油锅，下酸豆角、泡椒、鸡肝、鸡胗、鸡心翻炒。
3. 炒至熟后，加入盐调味，起锅装盘即可。

**【操作要领】**

酸豆角和泡椒都有盐，所以要少放盐。

## 064
# 美人椒炒鸡杂

**特点 | 色泽鲜艳，香辣适口。**

**主辅料：**

鸡肝、鸡胗、鸡心、美人椒、红椒。

**调料：**

盐、酱油、醋各适量。

**制作程序：**

1. 鸡肝、鸡胗、鸡心均洗净切块；美人椒、红椒洗净切圈。
2. 烧热油锅，下红椒、鸡肝、鸡胗、鸡心翻炒，再放入美人椒炒匀。
3. 炒至熟后，倒入酱油、醋拌匀，加入盐调味，起锅装盘即可。

**【操作要领】**

辣椒不宜炒得太熟。

## 065
# 红烧土鸡

**特点 | 肉质细嫩，滋味鲜美。**

**主辅料：**

土鸡、青椒、红椒。

**调料：**

蒜、葱、盐、酱油、红油、料酒、水淀粉各适量。

**制作程序：**

1. 鸡洗净切块；青椒、红椒均洗净切块；蒜洗净切碎；葱洗净切末。
2. 起油锅，入蒜、鸡块翻炒，加盐、酱油、红油、料酒炒匀，放入青椒、红椒、清水烧至熟透。
3. 水淀粉勾芡后盛盘，撒上葱末即可。

**【操作要领】**

鸡肉比较老的话，可以先腌制入味。

## 066 宫保鸡丁

**特点** | 红而不辣、辣而不猛、香辣味浓、肉质滑脆。

### 主辅料：

鸡脯肉、炸花生米、鸡蛋。

### 调料：

大蒜、葱、水豆粉、干辣椒、食用油、香油、酱油、料酒、香醋、精盐、白糖、味精各适量。

### 制作程序：

1. 鸡肉洗净切丁，用蛋清、盐、豆粉腌拌均匀；用酱油、料酒、味精、白糖、醋、水、香油、豆粉调成味汁；蒜洗净切成末，用葱白切成节。
2. 锅中放入精炼油烧热，下入鸡丁炸熟，捞起沥油。
3. 锅中留油少许，下干辣椒、蒜爆香，然后再下入鸡丁稍炒，调入味汁，加入花生米、葱节炒匀即可。

### 【操作要领】

鸡丁过油要低温短时，避免久炸鸡肉变硬。也可加入黄瓜丁一起炒制。

# 竹笋炒鸡丝

**特点|** 色泽诱人，鲜香味美。

## 067

**主辅料：**

竹笋、鸡胸肉、彩椒。

**调料：**

姜末、蒜末、盐、鸡粉、料酒、水淀粉、食用油各适量。

**制作程序：**

1. 洗净的竹笋切细丝；洗好的彩椒去蒂，切粗丝；洗净的鸡胸肉切细丝。
2. 鸡肉丝中加盐、鸡粉、水淀粉、食用油，腌渍约10分钟；锅中注水烧开，放入竹笋丝、盐、鸡粉，焯煮约半分钟捞出。
3. 油锅爆香姜末、蒜末，倒入鸡胸肉，炒匀，淋入料酒炒香，倒入彩椒丝、竹笋丝，炒匀。
4. 加盐、鸡粉，炒匀调味，倒入水淀粉勾芡，拌炒片刻，至食材入味即可。

**【操作要领】**

竹笋、鸡肉切丝要均匀。

## 068

# 小煎鸡

**特点|香辣可口，十分下饭。**

**主辅料：**

鸡腿肉、莴笋条。

**调料：**

酱油、醋、盐、白糖、料酒、泡辣椒碎、水淀粉、姜片、葱、蒜片、肉汤各适量。

**制作程序：**

1. 鸡腿肉洗净切条，加盐、水淀粉拌匀；酱油、醋、白糖、肉汤、水淀粉兑成汁。
2. 油锅烧热，放鸡肉、泡辣椒、姜片、蒜片、料酒、莴笋、葱炒匀，烹入芡汁即成。

**【操作要领】**

鸡肉要先腌制入味儿。

## 069
# 板栗烧鸡

**特点｜成品具有鸡肉鲜滑、板栗香甜、汁浓醇厚、色泽红亮、美观大方的特点。**

**主辅料：**

仔土鸡、板栗。

**调料：**

精炼油、鲜汤、姜片、葱节、精盐、味精、胡椒粉、料酒、香菜、糖色（糖色主要用于菜品上色，制法是把糖放入油里炒，待糖熔化并起小泡即成）各适量。

**制作程序：**

1. 土鸡宰杀后洗净，剁成块；板栗去皮洗净待用。
2. 锅中放入精炼油烧热，下鸡肉块、姜片、葱节爆炒至香，加入鲜汤、盐、味精、胡椒粉、料酒、糖色烧沸，再下板栗烧至熟透、鸡肉离骨时，装盘撒上香菜即成。

**【操作要领】**

烹制时要掌握好放栗子的时间，以免出现鸡肉与板栗不能同熟的现象。

## 070
# 米椒酸汤鸡

**特点|** **味道独特，酸辣开胃。**

**主辅料：**

鸡肉、酸笋、米椒、红椒、蒜末、姜片、葱白。

**调料：**

盐、鸡粉、辣椒油、白醋、生抽、料酒、食用油各适量。

**制作程序：**

1. 米椒切碎；红椒切圈；洗净的鸡肉斩块；酸笋切片。
2. 锅中加入清水，大火烧开，倒入酸笋片，煮沸后捞出。
3. 用食用油起锅，放入姜片、葱白、蒜末、鸡肉块、料酒。加入酸笋、米椒、红椒圈一起炒。加入适量清水、辣椒油、白醋、盐、鸡粉、生抽。中火焖煮至入味，盛出，装入盘中即可。

## 071
# 干煸鸡

**特点|** **麻辣味十足，鲜香可口。**

**主辅料：**

仔鸡、青尖椒。

**调料：**

干辣椒、花椒、豆瓣酱、盐、白糖、料酒、姜片、葱段、味精、香油、色拉油各适量。

**制作程序：**

1. 仔鸡剁成块，加入料酒、盐腌渍入味；青尖椒切滚刀块。
2. 锅上火油烧热，下入仔鸡、料酒中小火慢炒，待水汽将干时，下入豆瓣酱、干辣椒、花椒、姜片、葱段、青尖椒块炒香，用盐、白糖、味精、香油调好味炒匀，起锅装入盘中即可。

# 爆炒鸭丝 072

**特点 | 味道鲜美，略带辣味。**

### 主辅料：

鸭里脊肉、青椒、红椒。

### 调料：

盐、味精、料酒、白糖、酱油、葱、姜、蒜、干辣椒各适量。

### 制作程序：

1. 鸭里脊肉洗净切丝；青、红椒洗净切丝；葱、姜、蒜洗净切片。
2. 锅中油烧热，放入鸭肉丝滑炒熟，盛出，放入葱、姜、蒜、干辣椒煸香。
3. 调入剩余的主辅料、调味料，加入鸭丝炒匀入味，即可。

**【操作要领】**

也可选择卤鸭或者酱鸭肉。

# 泡椒炒鸭肉 073

**特点**｜酸酸辣辣，开胃下饭。

**主辅料：**

鸭肉、灯笼泡椒、泡小米椒、姜片、蒜末、葱段。

**调料：**

豆瓣酱、盐、鸡粉、料酒、生抽、水淀粉、食用油各适量。

**制作程序：**

1. 灯笼泡椒切块；泡小米椒切段；鸭肉洗净切块，加入生抽、盐、鸡粉、料酒、水淀粉拌匀，腌制10分钟，入沸水锅中煮1分钟捞出。
2. 用油起锅，放入鸭肉块炒匀，加入蒜末、姜片、料酒、生抽炒匀。
3. 加入泡小米椒段、灯笼泡椒块、豆瓣酱、鸡粉炒匀，注入水，用中火煮3分钟。

**【操作要领】**

鸭肉在腌制的时候放了盐，泡椒与泡菜中含有盐分，在炒的时候不需要另外再放盐了。

## 074
# 蚕豆炒鸡蛋

**特点 | 色泽清雅，清淡爽口。**

**主辅料：**
鸡蛋、鲜蚕豆。

**调料：**
盐适量。

**制作程序：**
1. 鸡蛋打入碗中，加少许盐搅拌均匀。
2. 鲜蚕豆洗净，入锅中煮熟，捞出沥干。
3. 锅中加油烧热，下入鸡蛋液炒至凝固后，再加入蚕豆翻炒均匀，加盐调味即可。

**【操作要领】**
蚕豆一定要选择比较嫩的新鲜的，炒蚕豆时一定要炒熟了再吃。

## 075
# 木耳炒鸡蛋

**特点 | 色泽诱人，令人胃口大开。**

**主辅料：**
鸡蛋、水发木耳。

**调料：**
香葱、盐各适量。

**制作程序：**
1. 鸡蛋打入碗中，加少许盐搅拌均匀；水发木耳洗净，撕成小片；葱洗净，切花。
2. 锅中加油烧热，下入鸡蛋液炒至凝固后盛出；原锅再加油烧热，下入木耳炒熟，加盐调味，再倒入鸡蛋液炒匀，加葱花即可。

**【操作要领】**
要选择糯性的黑木耳，炒出来又软又好吃。

## 076
# 蒜薹炒鸭片

特点 | 鸭肉鲜滑，香味醇厚。

**主辅料：**

鸭肉、蒜薹、淀粉、姜。

**调料：**

酱油、黄酒、盐、味精各适量。

**制作程序：**

1. 鸭肉切片备用；姜拍扁，加酱油略浸，挤出姜汁，与酱油、淀粉、黄酒拌入鸭片备用。
2. 蒜薹洗净切段下油锅略炒，加盐、味精，炒匀备用。
3. 锅洗净，热油，下姜爆香，倒入鸭片，改小火炒散，再改大火，倒入蒜薹，加盐、水，炒匀即成。

**【操作要领】**

鸭肉事先腌制味道更好。

## 077
# 板栗焖鸭

特点｜鸭肉鲜滑、板栗香甜、汁浓醇厚、色泽红亮、美观大方。

**主辅料：**

鸭、板栗、姜、红椒、蒜苗。

**调料：**

鸡汤、盐、酱油、白糖、淀粉各适量。

**制作程序：**

1. 鸭子去骨洗净，切块汆水。
2. 板栗煮熟，去壳；红椒、蒜苗洗净切段。
3. 将鸭放在锅内，加鸡汤及姜、红椒、蒜苗，用大火煮开后，转小火焖2小时，将板栗倒入，再焖30分钟，加盐、酱油、白糖调味，用淀粉勾芡即可。

**【操作要领】**

烹制时要掌握好放栗子的时间，以免造成鸭肉与板栗不能同熟的现象。

## 078 辣椒炒鸡蛋

**特点 | 黄、红、绿搭配，色彩美观，口味鲜香。**

**主辅料：**

青椒、鸡蛋、红椒圈、蒜末、葱白。

**调料：**

盐、鸡粉、水淀粉、味精、食用油各适量。

**制作程序：**

1. 将青椒切成小块。鸡蛋打入碗中，搅匀，加入少许盐、鸡粉调匀。
2. 热锅注油烧热，倒入蛋液拌匀，翻炒至熟，盛入盘中备用。
3. 用油起锅，倒入蒜末、葱白、红椒圈炒匀，再倒入青椒。
4. 加入适量盐、味精，炒至入味，再倒入鸡蛋炒匀。
5. 加入适量水淀粉，快速翻炒匀即成。

## 079 韭菜煎鸡蛋

**特点 | 煎蛋金黄，蛋香结合韭菜香，令人食欲大增。**

**主辅料：**

鸡蛋、韭菜。

**调料：**

盐、味精各适量。

**制作程序：**

1. 韭菜洗净，切成碎末备用。
2. 鸡蛋打入碗中，搅散，加入韭菜末、盐、味精搅匀备用。
3. 锅置火上，注入油烧热，将备好的鸡蛋液入锅中煎至两面金黄即可。

**【操作要领】**

往蛋液里加淀粉水增加其韧性，成形美观、好翻面。小火烹调，避免糊锅，影响口感和美观。

# 剁椒炒鸡蛋 080

**特点 | 色泽金黄，微辣鲜香。**

**主辅料：**

鸡蛋、红辣椒。

**调料：**

葱花、盐、味精、精炼油各适量。

**制作程序：**

1. 鸡蛋磕入碗中，用竹筷搅拌均匀；红辣椒洗净，用刀剁碎。
2. 锅中加入精炼油烧热，倒入蛋液炒至凝固的小块状时，盛出备用。
3. 锅中加入少许底油烧热，下入剁椒炒香出色时，再加入鸡蛋块、盐、味精翻炒均匀，撒入葱花，起锅装盘即可。

**【操作要领】**

辣椒应剁碎，炒制要用小火，这样辣椒才会浸油出香。

# 回锅鸭肉 081

**特点 | 鸭肉干香，不油不腥。**

## 主辅料：

鸭肉、竹笋、西兰花、青椒、红椒。

## 调料：

白糖、盐、水淀粉、酱油、辣椒酱、食用油、米酒各适量。

## 制作程序：

1. 鸭肉洗净，加盐和米酒后入滚水汆烫、去腥。
2. 竹笋洗净切片；兰花、青椒、红椒分别洗净切块。
3. 起油锅烧热，放入西兰花、笋片以及辣椒酱、白糖、酱油和 15 毫升水炒匀。
4. 接着放入鸭肉，用水淀粉勾芡后，加入青椒、红椒一起炒熟即可。

**【操作要领】**

汆煮鸭肉时，淋入少许料酒，能减轻其腥味。

## 082 辣子板鸭

**特点** | 炒好的板鸭块口感略有些干，但肉质很有嚼劲，越嚼越香。

**主辅料：**

板鸭、干辣椒、姜、蒜。

**调料：**

盐、味精、胡椒粉、料酒各适量。

**制作程序：**

1. 板鸭洗净切小块；蒜洗净切段；干辣椒洗净切斜段，备用。
2. 锅上油，将板鸭炸香，捞出沥干。
3. 炒锅下油，煸香姜、蒜、干辣椒，下板鸭，加盐、味精、料酒、胡椒粉，翻炒均匀，起锅即可。

**【操作要领】**

采用酱板鸭，味道更好。

## 083 苦瓜摊鸡蛋

**特点** | 色泽金黄，令人胃口大开。

**主辅料：**

鸡蛋、苦瓜。

**调料：**

盐适量。

**制作程序：**

1. 苦瓜洗净，沥干水分，切碎，备用；鸡蛋磕入碗中，加入盐，搅拌均匀，备用。
2. 油锅烧热，放入苦瓜炒熟后盛出，待凉后倒入蛋液中搅拌均匀。
3. 再热油锅，下拌好的蛋液煎至两面金黄即可。

**【操作要领】**

苦瓜入锅焯水，有助于减轻苦味。

## 084 彩椒炒鸭肠

**特点 | 色彩鲜艳，美味适口。**

**主辅料：**

鸭肠、彩椒。

**调料：**

姜片、蒜末、葱段、豆瓣酱、盐、鸡粉、生抽、料酒、水淀粉、食用油各适量。

**制作程序：**

1. 彩椒切粗丝，鸭肠切段；鸭肠放碗中，加盐、鸡粉、料酒、水淀粉，腌至食材入味。
2. 锅中加清水、鸭肠，煮约 1 分钟，捞出。
3. 油起锅，放姜片、蒜末、葱段、鸭肠、料酒、生抽、彩椒丝、清水、鸡粉、盐、豆瓣酱，炒至食材入味，倒入水淀粉勾芡，盛出炒好的食材，放在盘中即成。

**【操作要领】**

清洗鸭肠时，倒入适量白醋搓洗，可以有效地去除表面的黏液。

# 山药酱焖鸭

**特点**｜酱香口味，肉香味美。

## 085

**主辅料：**

鸭肉块、山药、黄豆酱、姜片、葱段、桂皮、八角。

**调料：**

盐、鸡粉、白糖、水淀粉、绍兴黄酒、生抽、食用油各适量。

**制作程序：**

1. 将去皮洗净的山药切滚刀块。
2. 锅中注入清水烧开，倒入洗净的鸭肉块，煮约2分钟，汆去血渍，捞出，沥干水分。
3. 用油起锅，倒入八角、桂皮、姜片、鸭肉块、黄豆酱，炒匀。
4. 加入生抽、绍兴黄酒、清水、盐、山药，煮至食材熟透，放入鸡粉、白糖、葱段、水淀粉炒匀，盛出焖好的菜肴，装入盘中即可。

**【操作要领】**

汆煮鸭肉时，淋入少许料酒，能减轻其腥味。

## 086

# 小炒仔鹅

**特点 | 色泽美观，咸鲜适口。**

**主辅料：**

鹅胸肉、香芹段、蒜苗段、朝天椒圈。

**调料：**

盐、味精、生抽、料酒、水淀粉、食用油各适量。

**制作程序：**

1. 鹅胸肉放入清水中，加适量盐清洗干净，然后捞出，把洗净的鹅胸肉切成肉丁。
2. 肉丁放碗中，淋入少许料酒，加入盐、味精、生抽，抓匀，再腌渍片刻。
3. 锅置火上，倒入少许食用油烧热，放入肉丁爆香，淋入料酒，炒匀，倒入朝天椒圈、蒜苗段，炒出香辣味，加盐、味精调味。
4. 再倒入香芹段，淋上生抽，翻炒至熟，用水淀粉勾芡，翻炒至入味，盛入盘中即成。

## 087
# 鹅肉烧冬瓜

**特点**｜冬瓜清香解闷，略带甜味，清新可口。

### 主辅料：
鹅肉、冬瓜。

### 调料：
姜片、蒜末、葱段、盐、鸡粉、水淀粉、料酒、生抽、食用油各适量。

### 制作程序：
1. 洗净去皮的冬瓜切成小块；锅中注水烧开，倒入鹅肉，汆去血水，捞出，沥干水分，备用。
2. 用油起锅，放入姜片、蒜末，爆香；倒入鹅肉，快速炒匀；淋入料酒、生抽，炒匀提味。
3. 加入少许盐、鸡粉，倒入适量清水，炒匀，煮至沸，用小火焖至熟软。
4. 放入冬瓜块，搅匀，用小火再焖至食材软烂，转大火收汁，倒入水淀粉，快速炒匀即可。

### 【操作要领】
冬瓜易熟，不要久煮。

冬瓜含有糖类、粗纤维、胡萝卜素、维生素$B_1$、维生素$B_2$、维生素C、烟酸等营养成分，具有润肺生津、利尿消肿、降压降脂、清热祛暑、解毒排脓等功效。

# 家常带鱼 088

**特点 | 滋味浓厚，色泽红亮。**

**主辅料：**

带鱼。

**调料：**

豆瓣酱、姜、葱、姜米、蒜米、盐、酱油、料酒、味精、白糖、胡椒、鲜汤、水淀粉、干细淀粉、色拉油各适量。

**制作程序：**

1. 带鱼切成块，放入盆中加盐、料酒、姜、葱、胡椒拌匀码味 15 分钟，取出扑上干细淀粉。
2. 带鱼放入七成热的油锅中炸至表皮色黄时捞起备用；豆瓣剁细。
3. 豆瓣、姜米、蒜米入四成热油锅炒香，掺鲜汤烧沸，捞起料渣不用，下带鱼，加盐、白糖、酱油、胡椒粉调好味，用小火加热烧至鱼熟软时，捞起装入盘中，大火加热锅内汤汁，下入水淀粉勾芡，待收汁亮油后，下味精炒匀，起锅浇于烧好的带鱼上即可。

# 089 家常鲫鱼

**特点 | 色红油亮，味道鲜美。**

**主辅料：**

鲫鱼。

**调料：**

盐、料酒、酱油、蒜末、姜末、红椒末、葱花各适量。

**制作程序：**

1. 鲫鱼洗净，打上花刀，加盐、料酒、酱油腌渍。
2. 油锅烧热，放入鲫鱼煎至两面金黄色。
3. 加入清水、蒜末、姜末、红椒末，焖煮 10 分钟，将鱼翻身，再焖煮 2 分钟，撒上葱花即可。

**【操作要领】**

鲫鱼打花刀腌制，更容易入味。

# 剁椒鲈鱼 090

**特点 | 刺少肉嫩，味道鲜美。**

**主辅料：**

鲈鱼、剁椒、葱条、葱花、姜末。

**调料：**

鸡粉、蒸鱼豉油、芝麻油各适量。

**【操作要领】**

因剁椒与生抽中均含有盐分，所以在腌制鲈鱼时要酌量放盐。

**制作程序：**

1. 处理干净的鲈鱼由背部切上花刀，取一个碗，倒入剁椒，放入姜末，淋入适量蒸鱼豉油，加入鸡粉，搅拌均匀，制成辣酱，待用。
2. 取一个蒸盘，铺上洗净的葱条，放入切好的鲈鱼，再铺上辣酱，摊匀，淋入少许芝麻油，待用。
3. 蒸锅上火烧开，放入蒸盘，盖上盖，用中火蒸约 7 分钟，至食材熟透。
4. 关火后揭盖，取出蒸盘，趁热浇上少许蒸鱼豉油，点缀上葱花即成。

# 番茄酱煮鱼 091

**特点 | 酸酸甜甜的，好下饭。**

## 主辅料：

草鱼、番茄酱、熟芝麻。

## 调料：

盐、蚝油、葱花各适量。

## 制作程序：

1. 草鱼洗净，取鱼肉，切成薄片。
2. 锅置火上，放油烧至七成热，放入鱼片稍炸，下入番茄酱煮 3 分钟。
3. 再加入盐、蚝油调味，撒上葱花、熟芝麻，盛盘即可。

【操作要领】

鱼片稍炸片刻即可。

## 092

# 麻辣鱼块

**特点 | 麻辣鲜香，味道鲜美。**

### 主辅料：

银鳕鱼、青椒。

### 调料：

盐、胡椒粉、淀粉、白糖、醋、海鲜酱、生抽、米酒、干辣椒段、鸡汤各适量。

### 制作程序：

1. 鳕鱼洗净切块，加盐、胡椒粉和淀粉拌匀煎熟；青椒洗净切片。
2. 热油锅，入干辣椒段、青椒片、白糖、醋、海鲜酱、生抽、鸡汤、米酒烧至汁浓，淋在鱼上即可。

### 【操作要领】

煎制过程不要经常翻动。

## 093

# 香煎带鱼

**特点 | 带鱼香辣可口，色泽红亮。**

### 主辅料：

带鱼。

### 调料：

盐、酱油、胡椒粉、红椒、豆豉、葱各适量。

### 制作程序：

1. 带鱼洗净，切段后用酱油、胡椒粉腌渍片刻；葱洗净，切末。
2. 油锅烧热，放入带鱼煎至两面金黄，加入红椒、豆豉炒匀。
3. 调入适量的盐，撒上葱末即可出锅。

### 【操作要领】

煎带鱼时要注意颜色，呈金黄色即可。

## 094 豆瓣酱烧鲤鱼

**特点**｜口感咸鲜微辣，鱼肉滋润。

**主辅料：**

鲤鱼、青椒、红椒。

**调料：**

葱末、姜末、蒜末、鸡粉、料酒、豆瓣酱、生粉、水淀粉、食用油各适量。

**制作程序：**

1. 青椒、红椒去籽，切粒；将鲤鱼切花刀，抹生粉。
2. 热锅中注油，放鲤鱼，炸至金黄色，捞出。
3. 锅底留油，放姜末、蒜末、青椒、红椒、豆瓣酱。
4. 加清水、鲤鱼、料酒，焖 10 分钟。
5. 加入鸡粉，拌匀，将煮好的鱼捞出，装入盘中。
6. 锅中倒入水淀粉拌匀，盛出浇在鱼身上，撒上葱末即可。

**【操作要领】**

炸鱼的时候油温不宜过高，以免炸焦。

# 春笋烧黄鱼 095

**特点 | 清爽鲜嫩。**

**主辅料：**

黄鱼、竹笋。

**调料：**

姜末、蒜末、葱花、鸡粉、胡椒粉、豆瓣酱、料酒、食用油各适量。

**【操作要领】**

春笋焯水，可去掉笋的涩味。

**制作程序：**

1. 竹笋洗净切成薄片；黄鱼切上花刀。
2. 锅中注水烧开，倒入竹笋，淋入料酒，略煮片刻，捞出。
3. 用油起锅，放入黄鱼，煎至两面断生；倒入姜末、蒜末，炒香；放入豆瓣酱，炒出香味。
4. 注入清水，倒入竹笋，淋入料酒，拌匀，盖上盖，小火焖15分钟；加鸡粉、胡椒粉，煮至食材入味，撒上葱花即可。

# 干烧江团 096

**特点 | 肉质肥美细嫩，味鲜美。**

## 主辅料：

江团、猪肥肉粒、香菇粒。

## 调料：

葱颗、郫县豆瓣、泡红椒粒、姜蒜末、白糖、精盐、味精、醋、料酒、鲜汤、醪糟汁、精炼油各适量。

## 制作程序：

1. 将江团剖腹除去内脏，洗净后入沸水锅中烫一下，捞起洗净黏液，在两边背部略剞几刀待用。
2. 锅置旺火上，放油烧热，下豆瓣、泡红椒粒、猪肥肉粒、香菇粒、姜蒜末，出香出色时烹入料酒，掺入鲜汤，捞去渣，烧沸后放入白糖、精盐、味精、醪糟汁，下江团，改用中火烧至鱼入味而形不烂时，起锅装入盘中。锅中余汁放旺火上烧至色红亮油且自然收汁时，下葱颗，烹入适量的醋，推勺起锅淋于鱼上即成。

## 097

# 葱椒鱼片

**特点｜绿白相间，香味馥郁，鱼片滑嫩，鲜咸适口。**

**主辅料：**

草鱼肉、鸡蛋清、生粉、花椒、葱花。

**调料：**

盐、鸡粉、芝麻油、食用油各适量。

**制作程序：**

1. 用油起锅，倒入花椒，用小火炸香，盛出。草鱼肉切片，加盐、鸡蛋清、生粉，腌渍入味。
2. 将花椒、葱花倒在案板上，剁碎，制成葱椒料。取碗，加葱椒料、盐、鸡粉、芝麻油，调成味汁。
3. 锅中注入清水，放入鱼片，煮至熟透，捞出。
4. 取一个盘子，盛入鱼片，摆放好，浇上味汁即成。

## 098

# 川东酸菜鱼

**特点｜肉质细嫩；汤酸香鲜美，微辣不腻；鱼片嫩黄爽滑。**

**主辅料：**

草鱼、酸菜。

**调料：**

泡椒、干辣椒、盐、清汤、香油、香菜各适量。

**制作程序：**

1. 草鱼洗净，去骨切片；酸菜洗净切丝；干辣椒洗净切段；香菜洗净切段。
2. 锅中注入清汤，加入泡椒和干辣椒，烧开后下酸菜和鱼片煮至熟。
3. 加盐调味，撒上香菜段，淋上香油即可。

## 099
# 糖醋鱼块

**特点| 色泽金黄、酸甜可口。**

**主辅料：**
草鱼。

**调料：**
葱节、姜片、蒜片、番茄酱、醋、白糖、酱油、淀粉、料酒、盐、味精、面粉、精炼油、胡萝卜丝、香菜各适量。

**制作程序：**

1. 草鱼剖杀后，去鳞、内脏洗净，去骨切成块，加少许料酒、盐、葱、姜腌制20分钟，拍上干面粉；用醋、味精、酱油、白糖、淀粉、清水搅拌均匀成糖醋汁。
2. 炒锅中放油烧热，放入鱼块炸至两面金黄后出锅待用。
3. 锅留少许油烧热，加入番茄酱翻炒出香，再放入鱼块，烹入调好的糖醋汁炒匀，出锅装盘，撒上胡萝卜丝、香菜即可。

**【操作要领】**

鱼块炸制一定要低温入锅炸制，确保鱼肉不因温度过热而绵软。

# 醋椒黄花鱼

**特点** | 酸辣适中，汤鲜肉嫩，清淡开胃。

## 100

**主辅料：**

净黄花鱼。

**调料：**

香菜、姜丝、蒜末、盐、鸡粉、白糖、生抽、料酒、陈醋、食用油、水淀粉各适量。

**制作程序：**

1. 在黄花鱼鱼身两面打上花刀，抹上盐，腌渍一会儿；香菜切小段。
2. 锅中注油，放黄花鱼，炸至八成熟，捞出。
3. 锅底留油，放姜丝、蒜末、料酒、清水、陈醋、盐、白糖、鸡粉、生抽、黄花鱼，煮至入味，盛出。
4. 锅中留汤汁，放水淀粉，调成稠汁，均匀地浇在鱼身上，再撒上香菜段即成。

**【操作要领】**

黄花鱼炸制的时候不必炸得过老，上色即可盛出。

## 101

# 花椒鱼片

**特点** | 非常爽口，别样麻味，别样香味。

**主辅料：**

草鱼、金针菇、大葱、花椒、鸡蛋、豆粉、老姜。

**调料：**

精盐、味精、料酒、胡椒粉、色拉油、清汤各适量。

**制作程序：**

1. 草鱼宰杀去鳞、鳃、内脏后洗净，去骨及头，片成鱼片；葱切节，姜切片。
2. 金针菇洗净入沸水略煮，捞出撒少许盐盛入碗内打底。鱼片加料酒少许，蛋清、豆粉拌匀待用。炒锅上旺火将油烧至六成热，下姜片、葱节炒香，掺清汤加料酒、盐、胡椒粉烧沸。
3. 将码好味的鱼片放入，煮至九成熟起锅捞入碗内。锅中放油烧至七成热，下花椒炸香，起锅淋在鱼片上面即成。

## 102

# 芦笋炒虾仁

**特点**|色泽鲜艳，口味宜人，爽口、开胃。

**主辅料：**

山药、芦笋、虾仁。

**调料：**

盐、味精、料酒、醋各适量。

**制作程序：**

1. 芦笋洗净，切成斜段；虾仁洗净，用热水汆过后，捞起沥干备用；山药去皮洗净切厚片。
2. 炒锅置于火上，注油烧热，下料酒，放入虾仁翻炒至熟后加入盐、醋与芦笋、山药一起翻炒。
3. 再加入味精调味，起锅装盘即可。

**【操作要领】**

芦笋很嫩，不需要炒很久。

## 103
# 柠檬鲜椒鱼

**特点|色泽鲜艳，开胃消食。**

**主辅料：**
鲶鱼、柠檬、红椒。

**调料：**
盐、鸡汤、葱花各适量。

**制作程序：**
1. 鲶鱼处理干净，去主刺，头、尾摆盘，肉切片抹盐腌渍 10 分钟；柠檬洗净，部分切片摆盘，其余取肉捣碎备用；红椒洗净，切段。
2. 将腌好的鱼肉摆在盘中，柠檬肉连汁一起淋在鱼肉上，放进蒸锅中隔水蒸 10 分钟。
3. 取出，浇上鸡汤，撒上红椒、葱花即可。

**【操作要领】**
鲶鱼入锅蒸制时间不要过久。

## 104
# 豉油清蒸多宝鱼

**特点|清香美味，营养丰富。**

**主辅料：**
多宝鱼。

**调料：**
姜丝、红椒丝、葱丝、姜片、豉油、食用油各适量。

**制作程序：**
1. 洗好的多宝鱼两面分别划上几刀；取一盘，将筷子呈十字架形状摆放好，放入姜片。
2. 放上多宝鱼，再将姜片放在鱼身上；取电蒸锅，注入水烧开，放入多宝鱼，将时间调至“10”。
3. 取出蒸好的多宝鱼，倒出多余的水分，拿出筷子，放上姜丝、葱丝、红椒丝。
4. 用油起锅，中小火将油烧至八成热，将油淋到多宝鱼上面，再淋入蒸鱼豉油即可。

# 爆炒鳝鱼 105

**特点 | 色泽鲜艳，滋味鲜美无比。**

**主辅料：**

鳝鱼、蒜苗、青椒、红椒、干辣椒。

**调料：**

姜片、蒜末、葱白、盐、豆瓣酱、辣椒酱、鸡粉、生粉、水淀粉、料酒、食用油、生抽、老抽各适量。

**制作程序：**

1. 将洗净的青椒、红椒对半切开，去籽切片；洗净的蒜苗切长段。
2. 将处理干净的鳝鱼切长段，加盐、料酒、生粉拌匀，腌10分钟。
3. 锅中加入适量清水烧开，倒入鳝鱼，氽去血水，捞出待用。
4. 用油起锅，下少许姜片、蒜末、葱白、干辣椒爆香。
5. 倒入蒜苗、青椒、红椒，拌炒匀。
6. 倒入鳝鱼，加料酒、盐、鸡粉、豆瓣酱、辣椒酱、生抽、老抽，炒匀上色。倒入适量水淀粉，快速拌炒均匀，盛出装盘即可。

# 106 蒜仔烧甲鱼

**特点 | 本菜咸鲜软烂，营养滋补。**

**主辅料：**

甲鱼、独大蒜、青红椒、蒜苗。

**调料：**

a料：姜葱汁、料酒、胡椒；豆瓣酱、姜米、盐、酱油、白糖、胡椒、料酒、味精、鲜汤、水淀粉、色拉油各适量。

**制作程序：**

1. 甲鱼宰杀后剁成块，入盆加a料拌匀码味；独大蒜入沸水锅煮至断生；青红椒切圈；蒜苗切节。
2. 炒锅内烧油至五成热，倒入甲鱼炸干表面水汽，捞起沥尽油。
3. 锅内留油少许，放入豆瓣酱、姜米炒香，掺入鲜汤，放入甲鱼、独大蒜，下盐、酱油、白糖、胡椒、料酒调好味。待甲鱼快熟软时，放入青红椒、蒜苗，调入味精，用水淀粉勾芡，起锅装入煲中即可。

## 107 石锅藿香鳝鱼

特点｜鳝鱼特含降低血糖和调节血糖的“鳝鱼素”，且所含脂肪极少，是糖尿病患者的理想食品。

**主辅料：**

鳝鱼、藿香、青红辣椒。

**调料：**

郫县豆瓣、泡姜、泡辣椒、白糖、酱油、醋、胡椒粉、料酒、水淀粉、色拉油、盐、味精、花椒粒、葱姜末各适量。

**制作程序：**

1. 鳝鱼洗净后用料酒、盐、胡椒粉码味，入沸水汆制断生后捞出。辣椒切小段，藿香切碎。
2. 锅中放油烧到四成热，下花椒粒、郫县豆瓣炒香，下泡姜米、泡辣椒末炒至香味四溢时，下鳝鱼、清水，加酱油、白糖、藿香、烧开，用水淀粉勾芡出锅装石锅中。
3. 锅置中火上，放油烧到四成热时，下辣椒节和花椒粒翻炒出香后，淋入鳝鱼上，撒藿香即成。

**【操作要领】**

鳝鱼洗净，应去骨后入沸水汆制，去除血污和腥味。

## 108 彩椒木耳炒百合

**特点｜木耳脆、百合酥，清清爽爽，美味爽口。**

### 主辅料：

鲜百合、水发木耳、彩椒。

### 调料：

姜片、蒜末、葱段、盐、鸡粉、料酒、生抽、食用油各适量。

### 制作程序：

1. 彩椒洗净切小块；木耳洗净切成小块。
2. 锅中注水烧开，加少许盐，放入木耳、彩椒、百合，煮至断生，捞出。
3. 用油起锅，放入姜片、蒜末、葱段，爆香；倒入焯好的食材，淋入适量料酒，翻炒均匀。
4. 加生抽、盐、鸡粉，炒匀调味即可。

### 【操作要领】

黑木耳用水浸泡24小时左右泡发，中间换水2～3次，夏天天气太热的话最好放入冰箱泡发。

## 109

# 芥蓝炒虾仁

**特点 | 咸鲜清香，风味独特，让人回味无穷。**

### 主辅料：

芥蓝、虾仁。

### 调料：

蒜片、芝麻油、米酒、盐、色拉油各适量。

### 制作程序：

1. 芥蓝洗净切段，过滚水汆烫备用。
2. 虾仁挑去肠泥，以米酒和盐腌一下，过油。
3. 起油锅，先放入蒜片爆香，再加入芥蓝一起翻炒。
4. 接着放入虾仁、盐及米酒一起翻炒。
5. 待虾仁和芥蓝熟透，加入芝麻油炒匀即可起锅。

## 110

# 翡翠虾仁

**特点 | 红绿相间，色泽艳丽。**

### 主辅料：

虾仁、莴笋、蛋清。

### 调料：

淀粉、盐、红辣椒、糖各适量。

### 制作程序：

1. 虾仁洗净、沥干，与蛋清及淀粉搅拌均匀，放入油锅中炒至变色，捞出沥干；莴笋去皮洗净，切成条；红辣椒洗净，切片。
2. 锅中添水，加少许盐烧沸，下莴笋条略煮后捞出备用。
3. 锅内注油烧热，放入莴笋、虾仁、红辣椒，加少许糖、盐，翻炒片刻，盛盘即可。

## 111
# 炒红薯叶

**特点 | 叶子翠绿鲜嫩、爽口。**

**主辅料：**
红薯叶。

**调料：**
姜、盐、食用油各适量。

**制作程序：**
1. 红薯叶洗净、去除老叶，单叶分开后沥干备用；姜洗净，切丝。
2. 起油锅，放入姜丝爆炒出香味。
3. 放入红薯叶一起拌炒至熟。
4. 最后放入盐拌炒均匀，即可起锅食用。

**【操作要领】**
红薯叶也可以提前焯水，然后再炒。

## 112
# 干煸鱿鱼须

**特点 | 色白油红，滋补健身。**

**主辅料：**
鱿鱼须、西芹、红椒丝。

**调料：**
盐、糖、麻油、料酒、干辣椒段各适量。

**制作程序：**
1. 鱿鱼须洗净，用盐、糖、料酒腌渍10分钟；西芹洗净，切段。
2. 油锅烧热，将鱿鱼须炸至金黄色，放干辣椒段、西芹翻炒，加盐、红椒丝，炒至红椒丝出香味，淋麻油出锅装盘即可。

**【操作要领】**
洗的时候用热水烫一下，使鱿鱼变大，这样比较容易清洗。

## 113
# 葱椒莴笋

**特点** | 清脆爽口，麻辣清香。

**主辅料：**

莴笋、红椒、葱段、花椒、蒜末。

**调料：**

盐、鸡粉、豆瓣酱、水淀粉、食用油各适量。

**制作程序：**

1. 莴笋洗净，去皮切片；洗好的红椒去籽切块。
2. 锅中注水烧开，倒入食用油、盐、莴笋片煮1分钟捞出。
3. 起油锅，放入红椒块、葱段、蒜末、花椒爆香，倒入莴笋片翻炒均匀，加入豆瓣酱、盐、鸡粉炒匀调味，淋入适量水淀粉快速翻炒均匀。
4. 关火后盛出，装入盘中即可。

**【操作要领】**

莴笋不宜炒太久，要保持清脆的口感。

## 114
# 醋溜黄瓜

**特点**｜味道酸甜可口，四季皆宜，营养价值丰富。

**主辅料：**

黄瓜、彩椒、青椒。

**调料：**

蒜末、盐、白糖、白醋、水淀粉、食用油各适量。

**制作程序：**

1. 洗净的彩椒、青椒均去籽切块；洗净去皮的黄瓜切块。
2. 起油锅，放入蒜末，爆香。
3. 倒入黄瓜块、青椒块、彩椒块，翻炒至熟软。
4. 放入盐、白糖、白醋，炒匀，用水淀粉勾芡即可。

**【操作要领】**

黄瓜不宜炒制过久，以免破坏其所含的维生素。

## 115

# 剁椒蒸芋儿

**特点｜芋头绵软，入口香甜。**

**主辅料：**

小芋头、剁椒。

**调料：**

葱、红油、盐、香油各适量。

**制作程序：**

1. 芋头洗净，蒸熟，去皮装盘待用；葱洗净切成葱花。
2. 将小芋头、剁椒、葱花一起装盘，加红油、盐拌匀。
3. 入锅蒸30分钟后取出，淋入香油即可上桌。

**【操作要领】**

芋儿削皮时尽量不要黏到手上。

## 116

# 虾皮小菜心

**特点｜以菜心搭配矿物质丰富的虾皮，成菜味道鲜美，可滋补强身。**

**主辅料：**

嫩菜心、干虾皮。

**调料：**

姜末、精盐、植物油、酱油、醋、味精、芝麻油、白芝麻各适量。

**制作程序：**

1. 菜心清洗干净后入沸水中断生，捞出沥干水分后切碎，淋芝麻油装盘。
2. 锅中放少许植物油，下姜末炒香，放精盐、酱油、醋、味精、虾皮和少许水烧开成姜汁。
3. 将姜汁、白芝麻撒在菜心上。

# 红烧米豆腐 117

**特点 | 润黄明亮，口感清香，软滑细嫩。**

## 主辅料：

豆腐。

## 调料：

盐、酱油、辣椒酱、湿淀粉、高汤、蒜、红椒、葱各适量。

## 制作程序：

1. 姜、瘦肉切末，红椒切碎。
2. 豆腐切块，沸水中烫去腥味捞出。
3. 油锅烧热，放入蒜米、姜末、红椒碎、瘦肉末炒香，加入高汤，放入米豆腐，调入调味料，煮沸，用少许湿淀粉勾芡。

**【操作要领】**

米豆腐不宜久煮，久煮粘锅，也不要过多地炒动，因为很容易就变烂成一锅米粥。

# 家常豆腐 118

**特点 | 颜色金黄，豆腐软香，微辣咸鲜。**

## 主辅料：

豆腐。

## 调料：

辣椒粉、大蒜、盐、味精、葱花各适量。

## 制作程序：

1. 豆腐洗净，切成小方块；大蒜去皮，剁成蓉。
2. 锅中加油烧热，下入豆腐块煎至两面呈金黄色时，捞出沥油。
3. 原锅下油烧热，下入蒜蓉炒香后，再下入豆腐翻炒，加辣椒粉、盐、味精调味，出锅时撒上葱花即可。

【操作要领】

煎豆腐要用小中火。煎的时候放些盐，以便入味。

## 119

# 干焖冬菇

**特点 | 香菇肉厚浑圆，香气浓郁。**

**主辅料：**

水发冬菇。

**调料：**

糖、盐、料酒、酱油、葱段、姜末、高汤各适量。

**制作程序：**

1. 水发冬菇洗净，用沸水汆一下，沥干水分。
2. 起油锅，用葱段、姜末炝锅，加入酱油、糖、料酒、盐、高汤和冬菇焖熟，等汤汁收浓后起锅即可。

**【操作要领】**

用整个冬菇，成品看起来更漂亮。

## 120

# 剁椒炒土豆丝

**特点 | 家常美味，爽口开胃。**

**主辅料：**

土豆、香葱、剁椒。

**调料：**

盐适量。

**制作程序：**

1. 将土豆去皮，再将其切丝；香葱先洗净，再将其切段。
2. 将炒锅中注入适量的食用油烧热，放入土豆丝，翻炒至快熟时加盐调味，继续炒匀。
3. 最后将剁椒加入土豆中拌炒均匀，起锅前撒上香葱段即可。

**【操作要领】**

切好的土豆丝放入凉水中浸泡再炒制口感更脆。

121

# 粉蒸芋头

**特点**｜芋头粉嫩软糯，为佐膳佳肴。

**主辅料：**

去皮芋头、蒸肉米粉。

**调料：**

葱花、蒜末、盐、甜辣酱各适量。

**制作程序：**

1. 洗净的芋头对半切开，切长条，装碗，倒入适量甜辣酱。
2. 放入少许葱花，倒入蒜末，加入盐，将材料拌匀；倒入蒸肉米粉，拌匀，备用。
3. 将拌好的芋头摆在盘中；蒸锅注水烧开，放上拌好的芋头。
4. 加盖，用大火蒸25分钟至熟，取出蒸好的芋头，撒上葱花即可。

**【操作要领】**

盐根据蒸肉米粉的味道来决定放与不放，一般来说会需要加一点，因为芋头不像肉容易入味。

# 醋溜白菜

**特点** | 白糖和姜末能增香提味，酸甜可口。

## 122

**主辅料：**

白菜。

**调料：**

酱油、葱、醋、姜片、精盐、淀粉、味精、花生油各适量。

**制作程序：**

1. 先将白菜洗净，切成长约 2.5 厘米的片。葱切小段，放入小碗中加酱油、醋、盐、味精、淀粉、姜片及少许清水，搅拌均匀成料汁。
2. 将白菜放入开水中稍焯捞起，沥干水分备用。
3. 锅中放油，下葱、姜爆香。
4. 再将白菜放入煸炒，将炒熟时把调好的料汁倒入，不停地翻炒，使汁均匀挂在白菜表面即可。

**【操作要领】**

白菜应现炒现吃，隔夜菜或放置时间过久的菜最好不吃。

沿大白菜纹理切成丝、条或片，这样的白菜易熟，味道佳。

## 123

# 风味茄丁

**特点｜香辣可口，十分下饭。**

**主辅料：**

茄子、青红辣椒。

**调料：**

葱花、蒜末、姜末、盐、白糖、鸡精、陈醋、生抽、精炼油各适量。

**制作程序：**

1. 茄子洗净，切丁块；青红辣椒切成节；用盐、白糖、鸡精、陈醋、生抽调成味汁。
2. 锅内放油烧七成热，下入茄丁稍炸一下捞出，沥油待用。
3. 锅内留少许底油烧热，下入姜末、蒜末爆香，再放入炸好的茄条、青红辣椒节同炒片刻，倒入调好的味汁炒匀，起锅装盘，撒上葱花即可。

**【操作要领】**

茄子过油，应高温急火快速将茄子炸至定型。

## 124
# 红椒炒豆角

**特点 | 有点微辣的感觉，吃起来特别地开胃。**

**主辅料：**

豆角、红椒。

**调料：**

盐、鸡粉、料酒、水淀粉、食用油各适量。

**制作程序：**

1. 将洗净的豆角切小段；洗净的红椒对半切开，剔除籽，切细丝。
2. 用油起锅，倒入豆角，炒匀，放入红椒丝，转小火，淋上料酒，炒匀提味。
3. 调入盐、鸡粉，翻炒至入味，注入适量清水，用中小火煮沸。
4. 转用大火收汁，倒入少许水淀粉，用锅铲翻炒均匀，盛出装盘即成。

**【操作要领】**

豆角可以先放入开水中烫一下，比较省时间。

## 125

# 豆豉炒空心菜梗

**特点 | 色泽翠绿，辣而不燥。**

**主辅料：**

空心菜、豆豉、蒜、干辣椒。

**调料：**

盐、味精、陈醋各适量。

**制作程序：**

1. 将干辣椒去蒂去籽，洗净切段；蒜去皮洗净切粒备用；将空心菜择洗干净，去叶留梗，切段备用。
2. 锅上火，注入油烧热，放入辣椒段、蒜粒、豆豉炒香。
3. 倒入空心菜梗，调入盐、味精、陈醋，炒入味即可。

**【操作要领】**

豆豉适量，一定要把握好放盐的量，不然会咸。

## 126

# 干煸土豆条

**特点 | 绵软适口，开胃消食。**

**主辅料：**

土豆。

**调料：**

干辣椒、蒜末、葱段、盐、鸡粉、辣椒油、生抽、水淀粉、食用油各适量。

**制作程序：**

1. 将去皮的土豆切厚片，改切成条。
2. 锅中注水烧开，放入少许盐、鸡粉，倒入土豆条，煮 3 分钟至其熟透，捞出。
3. 起油锅，爆香蒜末、干辣椒、葱段，倒入土豆条，炒匀，放入生抽、盐、鸡粉。
4. 淋入辣椒油，炒匀，倒入水淀粉勾芡，将炒好的土豆条盛出，装盘即可。

## 127
# 红椒炒青豆

**特点｜色彩鲜艳，嫩滑爽口。**

**主辅料：**

青豆、红椒。

**调料：**

姜片、蒜末、葱段、盐、鸡粉、水淀粉、食用油各适量。

**制作程序：**

1. 红椒切丁。
2. 锅中加水、盐、鸡粉、食用油、青豆，煮至断生。
3. 用油起锅，放入姜片、蒜末、葱段，爆香。
4. 倒入红椒丁、青豆，快速翻炒至食材熟软。
5. 加入鸡粉、盐，炒匀调味。
6. 倒入水淀粉，盛出炒好的食材，装在盘中即成。

## 128
# 豉油杭椒

**特点｜色泽翠绿，辣而不燥。**

**主辅料：**

杭椒、豆豉酱。

**调料：**

酱油、八角、桂皮、香叶、味精、白糖各适量。

**制作程序：**

1. 杭椒洗净，沥干水分备用。
2. 坐锅点火，加入适量清水，放入装有八角、香叶、桂皮的卤料包，再放入酱油、豆豉酱、味精、白糖煮开，调成卤汁。
3. 将杭椒放入卤汁中煮开，关火后浸卤 8 分钟，即可捞出食用。

## 129
# 鱼香茄子烧四季豆

**特点** | 把茄子和豆角搭配在一起，简单却不简约，刺激你的味蕾。

**主辅料：**

茄子、四季豆。

**调料：**

肉末、青椒、红椒、姜末、蒜末、葱花、鸡粉、生抽、料酒、陈醋、水淀粉、豆瓣酱、食用油各适量。

**制作程序：**

1. 将洗净的青椒、红椒均去籽，切条形；洗净的茄子切条形；洗好的四季豆切成长段。
2. 热锅注油，烧至六成热，倒入四季豆，拌匀，炸1分钟，捞出四季豆，沥干油；倒入茄子，拌匀，炸至变软，捞出茄子，沥干油，待用。
3. 另起锅，注入适量清水烧开，倒入茄子，拌匀，捞出茄子，沥干水分，待用。
4. 用油起锅，倒入肉末，炒匀，放入姜末、蒜末，炒香；加入豆瓣酱，倒入青椒、红椒，炒匀。
5. 注入适量清水，加入少许鸡粉、生抽、料酒，炒匀；倒入茄子、四季豆，翻炒均匀，盖上盖，用中小火焖5分钟至熟。
6. 揭盖，用大火收汁，加入陈醋、水淀粉，炒至入味；关火后盛出炒好的菜肴，撒上葱花即可。

# 红椒炒西兰花 130

**特点｜色泽翠绿，味道鲜美。**

**主辅料：**

西兰花、红椒。

**调料：**

盐、鸡精、醋各适量。

**制作程序：**

1. 西兰花洗净，掰成小朵；红椒去蒂洗净，切圈。
2. 锅入水烧开，放入西兰花焯烫片刻，捞出沥干备用。
3. 锅下油烧热，放入红椒爆香，再放入西兰花一起炒，加盐、鸡精、醋调味，炒熟后装盘即可。

**【操作要领】**

用水焯西兰花会让西兰花颜色更翠绿。

# 麻婆豆腐 131

**特点 | 豆腐软嫩且麻辣鲜香。**

## 主辅料：

老豆腐、牛肉末。

## 调料：

精盐、味精、姜末、蒜末、精炼油、酱油、鸡汤、葱花、花椒面、干尖椒、花椒油、红油、芝麻、淀粉、豆瓣各适量。

## 制作程序：

1. 豆腐切成1厘米见方的块，锅内加水放盐，下豆腐块焯透，起锅备用。
2. 锅内下少许精炼油放入牛肉末、豆瓣、姜末、干尖椒、芝麻炒出香味，放入鸡汤，下豆腐、盐、味精、蒜末、酱油，用淀粉勾芡收汁，放红油、花椒油起锅，撒花椒面、葱花即成。

【操作要领】

焯豆腐时放盐不宜过重。炒调料的油温以五成热为宜。

## 132
# 西红柿炒山药

**特点 | 酸甜开胃，十分下饭。**

**主辅料：**

去皮山药、西红柿。

**调料：**

大葱、大蒜、葱段、盐、白糖、鸡粉、水淀粉、食用油各适量。

**制作程序：**

1. 山药洗净，切块；西红柿洗净，切小瓣；大蒜洗净，切片；大葱洗净，切段。
2. 锅中注水烧开，加盐、食用油，倒入山药，煮至断生后捞出。
3. 用油起锅，倒入大蒜、大葱、西红柿、山药，炒匀。
4. 加盐、白糖、鸡粉，炒匀；倒入水淀粉勾芡；加入葱段，翻炒至熟即可。

## 133
# 农家小香干

**特点 | 淡淡的烟熏味儿，入口微辣。**

**主辅料：**

香干、香芹。

**调料：**

盐、生抽、辣椒粉、干红椒段各适量。

**制作程序：**

1. 香干洗净，沥干切丝；香芹洗净，切段，入沸水中汆至断生，捞出沥干。
2. 锅中注油烧热，下香干翻炒至断生，加入香芹、辣椒粉、生抽和干红椒段炒至熟。
3. 加盐调味，炒匀即可。

**【操作要领】**

香干切丝和芹菜粗细差不多。

## 134
# 百合蒸南瓜

**特点 | 成菜材料全素，软糯可口，是一道老少咸宜的健康菜。**

**主辅料：**
南瓜、百合。

**调料：**
水淀粉、冰糖、食用油各适量。

**制作程序：**

1. 洗净去皮的南瓜切条，再切成块，整齐摆入盘中，在南瓜上摆上冰糖、百合，待用。
2. 蒸锅注水烧开，放入南瓜盘，盖上锅盖，大火蒸25分钟至熟软；揿开锅盖，将南瓜取出。
3. 另取一锅，倒入糖水，加入水淀粉搅拌匀，淋入食用油，调成芡汁。
4. 将调好的糖汁浇在南瓜上即可。

**【操作要领】**

南瓜要选用老南瓜。南瓜蒸的时间不要太长。

## 135
# 泡椒烧魔芋

**特点 | 魔芋滑软，泡椒味浓厚。**

**主辅料：**

魔芋黑糕块、泡朝天椒。

**调料：**

郫县豆瓣酱、泡姜、葱段、花椒、蒜片、香菜、盐、鸡粉、白糖、料酒、生抽、水淀粉、食用油各适量。

**制作程序：**

1. 泡姜切块；泡朝天椒去柄，切段。
2. 锅中注入适量清水烧开，倒入魔芋黑糕块，焯煮片刻，盛出焯煮好的魔芋糕块。
3. 用油起锅，放入花椒、泡姜，爆香，加入泡朝天椒、蒜片，炒匀。
4. 倒入豆瓣酱、魔芋黑糕块、料酒、生抽、清水，拌匀，焖至入味，加入盐、鸡粉、白糖、水淀粉、葱段，炒匀，盛出撒上香菜即可。

**【操作要领】**

泡椒、泡姜和郫县豆瓣已经有咸味了，所以这道菜少加盐。

# 鸡蛋蒸日本豆腐 136

**特点 | 具有豆腐之爽滑鲜嫩、鸡蛋之美味清香。**

**主辅料：**

鸡蛋、日本豆腐、剁辣椒。

**调 料：**

盐、味精、葱花各适量。

**制作程序：**

1. 豆腐切成2厘米厚的段。
2. 将切好的豆腐放入盘中，将鸡蛋打于豆腐中间，撒上盐、味精。
3. 将豆腐与鸡蛋置于蒸锅上，蒸至鸡蛋熟，取出；另起锅置火上，加油烧热，下入剁辣椒稍炒，淋于蒸好的豆腐上，撒上葱花即可。

**【操作要领】**

要水开后入蒸锅。

# 香菇豆腐 137

**特点｜香气浓郁，美味可口。**

**主辅料：**

豆腐、香菇、榨菜、青椒。

**调 料：**

酱油、白糖、芝麻油、生粉各适量。

**制作程序：**

1. 豆腐切成四方小块，中间挖空。
2. 将香菇泡软，再取出和榨菜、青椒分别剁碎，接着加入白糖和生粉拌匀成馅。
3. 将馅镶入豆腐中心，摆在碟上蒸熟。
4. 最后淋上芝麻油和酱油即可食用。

**【操作要领】**

也可最后用酱油、水淀粉勾芡。

# 家常川菜

## 【第三篇·汤菜卷】

有一种说法，“营养尽在汤中”。川人说“川戏的腔，川菜的汤”。说明汤菜尽管不是宴席的主角，但却是最佳的配角。中国人相当重视喝汤和研究怎么做好汤菜。

## 001
# 白菜豆腐汤

**特点｜色白如玉，清淡可口。**

**主辅料：**

小白菜、豆腐。

**调料：**

盐、鸡精、香油各适量。

**制作程序：**

1. 白菜洗净，切段；豆腐洗净切成小块。
2. 锅中注适量水烧开，放入小白菜、豆腐煮开。
3. 调入盐、鸡精煮匀，淋入香油即可出锅。

**【操作要领】**

豆腐易碎，不可久煮。

## 002
# 淮山鱼头汤

**特点｜汤色清亮，滋味鲜美。**

**主辅料：**

鲢鱼头、淮山、枸杞。

**调料：**

盐、鸡精、香菜段、葱段、姜片各适量。

**制作程序：**

1. 鲢鱼头洗净剁成块；淮山浸泡洗净备用，枸杞洗净。
2. 锅上火倒入油，下葱、姜爆香，下入鱼头略煎加水，下入淮山、枸杞煲至熟，调入盐、鸡精，撒入香菜即可。

**【操作要领】**

山药去皮时注意不要黏到手上。

# 菠菜豆腐清汤 ❀ 003

**特点 | 白中带绿，清淡鲜美，口味鲜美。**

**主辅料：**

菠菜、豆腐。

**调料：**

盐、葱、红椒、橄榄油各适量。

**制作程序：**

1. 菜洗净切段，焯烫后备用；豆腐洗净，切块；葱、红椒均洗净，切末。
2. 锅中注水，沸腾后放入菠菜与豆腐，滴入少许橄榄油，再次沸腾后转小火。
3. 放入少许盐调味，撒入葱末和红椒末即可。

**【操作要领】**

豆腐易碎，不可久煮。

## 004
# 香菇豆腐鲫鱼汤

**特点** | 鲫鱼与香菇、豆腐都是好搭档，一起炖汤，营养加倍再加倍，而且鲜香无比。

**主辅料：**

鲫鱼段、豆腐、香菇。

**调料：**

香菜、姜片、盐各适量。

**制作程序：**

1. 豆腐、香菇洗净切块。
2. 取电饭煲，通电后倒入洗净的鲫鱼段、香菇、豆腐、姜片和适量清水。
3. 盖上盖子，按下“功能”键，调至“靓汤”状态，煮 30 分钟。
4. 打开盖子，加盐和香菜调味即可盛入碗中。

**【操作要领】**

鱼肉和豆腐都非常易熟，不要久煮。

## 005
# 翠玉蔬菜汤

**特点 | 材料丰富，清淡美味。**

**主辅料：**
西瓜皮、丝瓜、黄豆芽、薏米。

**调料：**
盐、嫩姜丝各适量。

**制作程序：**
1. 黄瓜去皮，洗净切片；取西瓜的翠绿部分切丝；黄豆芽洗净。
2. 薏米放入锅中和适量水加热，加入西瓜皮、丝瓜片和黄豆芽煮沸，倒入盐、嫩姜丝调味，煮匀关火即可食用。

**【操作要领】**
不可久煮，煮沸即可。

## 006
# 竹荪鲜菇汤

**特点 | 汤清色淡，滋味鲜美。**

**主辅料：**
竹荪、鲍鱼菇、香菇。

**调料：**
姜丝、芹菜末、盐各适量。

**制作程序：**
1. 竹荪洗净后，将之加水浸泡软化，再切小段备用。
2. 鲍鱼菇将梗切下，再对半切，其余部分切片；香菇切片备用。
3. 起水锅，放入竹荪、姜丝、鲍鱼菇、香菇及香菇水一起熬煮。最后加盐调味，撒上芹菜末，即可起锅食用。

**【操作要领】**
竹荪要事先泡发洗净。

# 核桃仁花生芹菜汤 007

**特点 | 营养价值高又富含粗纤维，老少皆宜。**

### 主辅料：

西芹、核桃仁、花生。

### 调料：

芝麻油、盐各适量。

### 制作程序：

1. 西芹洗净，切段；核桃仁和花生分别洗净，备用。
2. 取汤锅，加入适量清水，煮沸后放入西芹、芝麻油及盐。
3. 待再次煮沸时，放入核桃仁和花生，续煮3分钟即可。

**【操作要领】**

喜欢花生软绵一点的可以多煮一会儿。

# 菠菜皮蛋开胃汤 008

**特点 | 味道鲜美，营养丰富。**

### 主辅料：

菠菜、皮蛋。

### 调料：

姜、鸡粉、盐各适量。

### 制作程序：

1. 锅中注入适量清水烧开，放入去壳切块的皮蛋和姜片，搅拌均匀。用大火煮约 1 分钟，至香味溢出。
2. 放入洗净切段的菠菜，拌匀，稍煮片刻至软。
3. 加少许鸡粉、盐调味，拌煮片刻至食材入味，将煮好的汤料盛入汤碗中即可。

### 【操作要领】

皮蛋切块的过程中很容易将蛋黄粘在刀背上，将刀在热水中烫一下再切，就能切得整齐漂亮了。

## 009
# 冬瓜虾仁汤

**特点｜冬瓜绵软，在汤中若隐若现，仿佛与汤汁融为一体了，配以红嫩白滑的虾肉，给你不经意的美味惊喜。**

**主辅料：**
去皮冬瓜、虾仁、姜片。

**调料：**
盐、料酒、食用油各适量。

**制作程序：**
1. 取电饭锅，通电后倒入切片的冬瓜、洗净的虾仁、姜片、料酒和食用油。再加入清水至没过食材，搅拌均匀。
2. 盖上盖子，调至“靓汤”功能，煮 30 分钟至食材熟软，然后按下“取消”键。打开盖子，加盐调味后即可出锅。

## 010
# 莲子心冬瓜汤

**特点｜冬瓜软烂，汤味清香。**

**主辅料：**
冬瓜、莲子心。

**调料：**
盐、食用油各适量。

**制作程序：**
1. 冬瓜洗净去皮，切小块备用。
2. 砂锅注水烧开，倒入冬瓜，放入莲子心。加盖烧开后，转小火煮 20 分钟，至食材熟透。
3. 揭盖，放入适量盐，拌匀调味。加入少许食用油，拌匀。将煮好的汤料盛出，装入碗中即可。

**【操作要领】**
加几滴胡麻油，会更美味。

## 011

# 冬瓜干贝汤

**特点 | 此汤营养美味。**

**主辅料：**

冬瓜、排骨、干贝。

**调料：**

生姜、精盐、料酒各适量。

**制作程序：**

1. 排骨斩小块清洗干净；冬瓜去皮去籽，洗净，切块状或用工具挖成丸状；干贝洗净用开水泡软。
2. 煮锅内加5碗水煮沸后，放入排骨、姜片煮10分钟。
3. 捞去浮沫，放入冬瓜、干贝，煮至排骨熟透，加调味料即可。

**【操作要领】**

因汤中含高蛋白的食材比较多，过量食用会影响肠胃的运动消化功能，导致食物积滞，难以消化吸收。

## 012

# 人参糯米鸡汤

**特点｜汤色清亮，营养丰富。**

### 主辅料：

人参片、糯米、鸡腿、红枣。

### 调料：

盐适量。

### 制作程序：

1. 糯米淘洗干净，用清水泡 1 小时，沥干。
2. 鸡腿剁块，洗净，汆烫后捞出再冲净。
3. 将糯米、鸡块、参片、红枣放入炖锅中，加适量水以大火煮开，转小火炖至肉熟米烂，加盐调味即可。

### 【操作要领】

鸡腿焯水后再入锅炖煮，成色更好。

## 013
# 核桃仁虾仁汤

**特点 | 清淡鲜美，营养丰富。**

### 主辅料：
鲜虾、核桃仁。

### 调料：
盐、白酒、姜丝、味精各适量。

### 制作程序：
1. 鲜虾剥壳挑去虾肠，加少许盐和白酒腌30分钟，再加点地瓜粉拌匀。
2. 起油锅，爆香姜丝。加入适量开水，加少许盐，再加入虾仁、核桃仁。烧开后，试下味道再加盐、味精调好味即可。

### 【操作要领】
要做汤的虾仁一定要挑掉虾肠。

## 014
# 红参枸杞甲鱼汤

**特点 | 成汤味咸鲜醇厚，甲鱼肉质鲜美软糯。**

### 主辅料：
红参、枸杞、甲鱼。

### 调料：
大葱、姜、料酒、盐各适量。

### 制作程序：
1. 将甲鱼宰杀，去内脏，洗净切块，用沸水烫一下，捞出备用；大葱洗净切段；姜切片备用。
2. 将甲鱼、枸杞、红参装入砂锅，加入葱、姜及适量清水，用微火炖15分钟，去掉葱姜，加入料酒、盐，再用微火炖至熟烂即可。

## 015

# 黄芪鸡汤

**特点｜清淡不油腻，滋补养身。**

### 主辅料：

鸡肉块、陈皮、黄芪、桂皮。

### 调料：

姜片、葱段、盐、鸡粉、料酒各适量。

### 制作程序：

1. 锅中注水烧开，放入洗净的鸡肉块和料酒，汆去血渍，捞出沥干水分，待用。
2. 砂锅注水烧热，放入黄芪、姜片、葱段，洗净的桂皮、陈皮和汆过水的鸡肉块，淋入少许料酒。
3. 加盖大火烧开后改小火煮约55分钟。加入盐和鸡粉，拌匀调味后即可。

### 【操作要领】

最好选择童子鸡。

## 016

# 川贝鲫鱼汤

**特点｜此汤鲜美，清凉润肺。**

**主辅料：**

鲫鱼、川贝、陈皮。

**调料：**

姜片、葱花、料酒、盐、鸡粉、胡椒粉、食用油各适量。

**制作程序：**

1. 用油起锅，撒入姜片爆香。放入处理干净的鲫鱼，煎出焦香味，然后将鲫鱼翻面，煎至焦黄色。
2. 淋入料酒和适量清水，放入备好的川贝、陈皮，再加少许盐和鸡粉调味。加盖烧开后用小火煮15分钟，至食材熟透。
3. 再放入少许胡椒粉调味。将汤料盛入碗中，撒上葱花即可。

## 017

# 萝卜鲫鱼汤

**特点｜汤汁乳白，鱼肉鲜嫩，萝卜丝软绵。**

**主辅料：**

鲫鱼、白萝卜、枸杞。

**调料：**

香菜、盐、鸡精、姜丝、蒜末、料酒各适量。

**制作程序：**

1. 鲫鱼洗净，加盐和料酒腌渍；白萝卜切丝；枸杞、香菜均洗净。
2. 锅注油烧热，下姜、蒜、鲫鱼稍煎，加水、萝卜丝和枸杞，煮沸，放盐、鸡精、香菜。

**【操作要领】**

制汤的鱼煎或者不煎都可以煮出奶汤，只是相较而言煎过再煮汤色更醇香。

# 虫草炖老鸭 018

**特点 | 虫草久炖不烂，口感柔绵，鸭肉软糯，汤味鲜醇。**

**主辅料：**

冬虫夏草、老鸭。

**调料：**

姜片、葱花、胡椒粉、盐、陈皮末、味精各适量。

**制作程序：**

1. 将冬虫夏草用温水洗净；鸭处理干净斩块，再将鸭块放入沸水中焯去血水，然后捞出。
2. 将鸭块与虫草先用大火煮开，再用小火炖软后加入姜片、葱、陈皮末、胡椒粉、盐、味精，拌匀即可。

**【操作要领】**

以小火慢炖，使虫草有效成分析出，有利于人体吸收。

# 鸭肉海带汤 019

**特点 | 味道鲜美，鸭肉甘香，海带清香。**

## 主辅料：

鸭肉、水发海带。

## 调料：

盐、姜片各适量。

## 制作程序：

1. 将鸭肉洗净、切块，泡入醋水 2 小时后，汆烫去血水，捞出备用。海带洗净，切丝备用。
2. 在砂锅里放入鸭肉、清水和姜片，以大火煮滚，接着再转小火炖煮 30 分钟。
3. 加入海带丝，续煮 40 分钟，至鸭肉软烂。最后加入盐拌匀即可。

## 【操作要领】

为了省时间，可以用高压锅来炖这款汤。

# 板栗龙骨汤

**特点** | 汤色清亮，营养美味。

## 020

**主辅料：**

龙骨块、板栗、玉米段、胡萝卜块。

**调料：**

姜片、料酒、盐各适量。

**制作程序：**

1. 砂锅中注入适量清水烧开，倒入处理好的龙骨块。加入料酒、姜片，拌匀；加盖，大火烧片刻。
2. 揭盖，捞出浮沫，倒入玉米段，拌匀。加盖，小火煮1小时至析出有效成分。揭盖，加入洗好的板栗，拌匀。
3. 加盖，小火续煮15分钟至熟；揭盖，倒入洗净的胡萝卜块，拌匀。加盖，小火续煮15分钟至食材熟透。揭盖，加盐，搅拌片刻至盐入味，关火后盛出煮好的汤装入碗中即可。

**【操作要领】**

水一定要放足，煮汤中间加水容易延长汤熟的时间，而且汤的味道会变腥。

## 021

# 鹅肉土豆汤

**特点**｜色泽鲜艳，味道鲜美。

**主辅料：**

鹅肉、土豆、红枣、枸杞。

**调料：**

盐、胡椒粉、味精、葱段。

**制作程序：**

1. 将肉洗净，剁块状；红枣、枸杞洗净；土豆去皮，洗净切块。
2. 锅中烧水，下入枸杞、红枣和鹅肉，调盐、胡椒粉、味精炖烂，下入土豆炖约30分钟，撒上葱段即可。

**【操作要领】**

鹅肉在炖煮的过程中要用慢火，炖的时间要久。

## 022
# 豆芽丸子汤

**特点 | 豆芽清香，肉丸滑鲜，汤清味鲜。**

**主辅料：**

净猪瘦肉、净猪肥肉、豆芽、葱花。

**调料：**

精盐、味精、鸡蛋清、姜汁水、淀粉、胡椒粉、料酒各适量。

**制作程序：**

1. 将猪瘦肉和肥肉洗净剁成肉泥，盛入盆中，加适量精盐、味精、鸡蛋清、料酒、姜汁水、胡椒粉、淀粉，顺时针方向搅拌，慢慢加入适量清水打至黏稠上劲，豆芽去豆壳洗净。
2. 锅置小火上，倒入清水，将肉泥挤成肉丸状，煮熟下豆芽烧开，调入盐、味精、胡椒粉和葱花即可。

## 023
# 枸杞山药牛肉汤

**特点 | 保肝护肾，适合男性食用。**

**主辅料：**

山药、牛肉、枸杞。

**调料：**

盐、香菜末各适量。

**制作程序：**

1. 山药去皮，洗净切块；牛肉洗净，切块氽水；枸杞洗净备用。
2. 净锅上火倒入水，下入山药、牛肉、枸杞煲至熟，调入盐调味，最后撒入香菜末即可。

**【操作要领】**

水一定要放足，中途不宜再加水。

## 024

# 排骨玉米莲藕汤

**特点 | 此汤颜色漂亮，清爽不油腻。**

### 主辅料：

猪排骨、胡萝卜、玉米、莲藕。

### 调料：

生姜、精盐各适量。

### 制作程序：

1. 排骨洗净切块，用开水焯烫一下；胡萝卜去皮后切成滚刀块；玉米切成小块；莲藕洗净切块；生姜切成片。
2. 锅内倒入适量水，放入胡萝卜和玉米煮滚。
3. 将煮滚的胡萝卜和玉米倒入砂锅；加入排骨、姜片、莲藕，用小火煲煮2小时，调入精盐即可。

### 【操作要领】

炖煮肉类都要事先在开水锅中焯烫，这样既可以将血污煮出，也可以减少一部分脂肪，使炖出的汤色清亮干净而且不油腻。

# 清炖羊肉汤 025

**特点**｜此汤不仅有羊肉的鲜香，还有甘蔗的清甜，二者合一，味道不腥不膻，反而清鲜美味。

**主辅料：**

羊肉块、甘蔗段、白萝卜。

**调料：**

姜片、料酒、盐、鸡粉、胡椒粉、食用油各适量。

**制作程序：**

1. 洗净去皮的白萝卜切段。锅中注水烧开，倒入洗净的羊肉块和料酒，汆去血水，捞出沥干。
2. 砂锅注水烧开，倒入羊肉、备好的甘蔗、姜片和料酒。加盖烧开，转小火炖 1 小时，至食材熟软。
3. 倒入白萝卜，加盖用小火续煮 20 分钟，至食材软烂。加盐、鸡粉和胡椒粉调味，用中火续煮片刻，使食材入味即可。